玄鳳鸚鵡

完全飼養手冊

作者　鈴木莉萌　　品種監修　島森尚子

醫療監修　三輪恭嗣（日本特寵動物醫療中心院長）　　攝影　井川俊彦

瑞昇文化

PERFECT PET OWNER'S GUIDES

目次

Chapter 11 玄鳳鸚鵡容易罹患的疾病與創傷 197

Chapter 12 人為飼養下的環境豐富化 239

前言

在壓力繁重的現代社會，和穩重可愛的玄鳳鸚鵡一起生活，想必會帶給飼主許多心靈上的安寧與慰藉。

玄鳳鸚鵡會用直率的愛意對人撒嬌、用全身表現相伴的喜悅，時而靜靜地陪在我們身邊。相對地，牠們也擁有生氣、傷心、孤單等情緒，有時候也會表現出沮喪或怯懦的一面。

本書不僅統整了有關玄鳳鸚鵡的飼養環境、食物、每天的作息、健康等我們在日常生活中應該要留意的事情，也有收錄與玄鳳鸚鵡相處可能遇到的各種疑惑及問題。

在醫療相關頁面，聘請了特寵動物醫療的先驅——日本特寵動物醫療中心院長暨獸醫學博士的三輪恭嗣老師進行監修。

此外，為了滿足廣大玄鳳鸚鵡愛好者，由山崎動物護理大學教授島森尚子老師撰寫玄鳳鸚鵡品種及基因的相關資訊。

希望本書有助於首次飼養玄鳳鸚鵡的人及老手飼主共創與玄鳳鸚鵡的美滿生活。

2024年春 鈴木莉萌

原生（普通）

白面

（藍化）

♀

黃化 幼鳥

（性聯遺傳黃化）

帕斯多

（部分藍化）

珍珠 幼鳥

（蛋白石）

古銅 幼鳥

（肉桂）

派特

華勒

（華勒）

綠寶石

（擴散黃）

白化

（藍化＆性聯遺傳黃化）

白面珍珠

（藍化＆蛋白石）

白面派特 幼鳥

（藍化＆派特）

白面無斑派特 幼鳥

（藍化＆派特）

白面綠寶石

（藍化＆擴散黃）

白面隱性銀

（藍化＆蒼白華勒）

白面顯性銀異基因型

（藍化＆顯性稀釋＆異基因型）

白面顯性銀同基因型

（藍化＆顯性稀釋＆同基因型）

白面隱性銀珍珠派特

（藍化＆蒼白華勒＆蛋白石＆派特）

白面古銅派特 幼鳥

（藍化＆肉桂＆派特）

白面古銅珍珠派特

（藍化＆肉桂＆蛋白石＆派特）

帕斯多顯性銀同基因型

（部分藍化＆顯性稀釋＆同基因型）

帕斯多華勒

（部分藍化＆華勒）

帕斯多綠寶石

（部分藍化＆擴散黃）

古銅珍珠

（肉桂＆蛋白石）

珍珠派特 幼鳥

（蛋白石＆派特）

黃面華勒

（黃面＆華勒）

顯性黃頰派特

（顯性＆黃頰＆派特）

顯性黃頰黃化

（顯性＆黃頰＆性聯遺傳黃化）

顯性黃頰綠寶石

（顯性＆黃頰＆擴散黃）

顯性黃頰黃化珍珠

（顯性＆黃頰＆性聯遺傳黃化＆蛋白石）

黃面古銅珍珠派特

（黃面＆肉桂＆蛋白石＆派特）

野生的玄鳳鸚鵡

多為20～30隻左右構成的鳥群，除非遇到乾旱等狀況，否則不會組成一大群。

經過長時間謹慎地預先偵察，終於降落到水邊的玄鳳鸚鵡。

野生的玄鳳鸚鵡

© AAK Nature Watch

降落到紅土地面上補充養分的模樣。

© AAK Nature Watch

在尤加利樹樹洞築巢的配偶。公鳥在警戒周遭，母鳥從樹洞裡探出頭。

Chapter 1

關於
玄鳳鸚鵡

玄鳳鸚鵡如今是人氣和虎皮鸚鵡不相上下的代表性陪伴鳥（companion bird）。

首先要來介紹與牠們共同生活必知的基本相關知識。

關於飼養玄鳳鸚鵡這件事

玄鳳鸚鵡不僅能做出惹人憐愛的動作及表情，再加上牠們順應日本的氣候，使其被譽為容易飼養又強健的物種，作為陪伴鳥的人氣有趨於穩固之勢。

玄鳳鸚鵡是一種我們親手養大就會越來越可愛，滿懷愛意熱情地回應飼主的小鳥。

與玄鳳鸚鵡一起生活肯定會為每天的日常增色許多。

另一方面，既然要飼養也必須做好覺悟。因為玄鳳鸚鵡和我們一樣都擁有無可取代的生命，同屬於大自然的一部分。

玄鳳鸚鵡會用全身來展現和喜愛的人互動的喜悅。不過，不只是那樣而已。

玄鳳鸚鵡也會有生氣、焦慮、悲傷等情緒，有時候會強烈地反應這類情緒。

此外，也不要忘記當牠們受傷或生病時，和人類一樣會感到疼痛及愁苦。

為了不會說話的玄鳳鸚鵡著想，日常照顧時必須細細觀察牠們的生活有沒有發生問題，也要從玄鳳鸚鵡的角度審視飼養方法，配合季節、生命階段以及生活環境進行微調。

再來，參考網路上良莠不齊的飼養知識時，也要記得牠們的性命掌握在自己手上，凡事審慎以對才行。

然而，即使飼主自認為傾注了滿滿的愛意，對被飼養的玄鳳鸚鵡來說也未必是幸福的。

為了正確地過篩知識，首先學習玄鳳鸚鵡相關基本知識，為日後的飼養做好準備吧。

玄鳳鸚鵡的分類與天性

分類學上屬於「鳳頭鸚鵡」

雖然臺灣比較常見的稱呼為「玄鳳鸚鵡」，不過玄鳳鸚鵡在分類學上屬於「鸚形目鳳頭鸚鵡科雞尾鸚鵡屬」，是一種鳳頭鸚鵡。鳳頭鸚鵡總科（Cacatuoidea）與鸚鵡總科（Psittacoidea）的差別在於頭頂有無冠羽及體色等特徵。

天性

玄鳳鸚鵡不喜爭鬥，是表情特別豐富、充滿陪伴鳥資質的小鳥。

牠們對聲音、光線、震動等外部刺激有稍微敏感的一面，但是相較於其他陪伴鳥，牠們並不算非常膽小。

此外，玄鳳鸚鵡的好奇心及學習能力也很強，所以飼主能夠透過各種交流，逐漸加深與玄鳳鸚鵡之間的感情。

再來，由於牠們通常不喜爭鬥，所以容易多隻飼養，只要準備的鳥籠空間夠大，還可以和虎皮鸚鵡等其他種類的小鳥一起飼養。

話雖如此，玄鳳鸚鵡和人類一樣有個體差異。視玄鳳鸚鵡的成長環境，也有可能養出攻擊性較高、喜歡咬東西或有拔毛習慣的個體，所以也不能一味地深信玄鳳鸚鵡很乖巧不會咬東咬西。

顏色

玄鳳鸚鵡的原生種（普通種）顏色為灰色。

除了白色羽緣、臉部及腮紅，其他部位都是深灰色。

公成鳥的臉部為亮黃色，具有橘色腮紅。

母鳥的顏色是混雜著奶油色的淺灰色，腮紅的顏色也比公鳥黯淡。

普通種以外的所有品種皆為改良品種，是透過由於突變產生異色的特定血統選育而成。

雖然也會受到個體差異影響，不過若想求得身心健全的玄鳳鸚鵡，建議選擇原生的普通種。

♂（雄性）

♀（雌性）

決定飼養之前必須建立的觀念

脂屑很多

這裡的脂屑是指從尾羽根部的分泌腺尾脂腺產生的脂質類碎屑，以及從名為粉絨羽的羽毛產生的白色細粉（羽屑）。以人類的情況來說，就是類似「頭皮屑」的物質。其他的鸚鵡及鳳頭鸚鵡類也會產生脂屑，不過白色系玄鳳鸚鵡及鳳頭鸚鵡的脂屑特別多。雖然只能靠勤奮打掃來應對，但是有些人可能會對脂屑過敏，所以本身有氣喘等呼吸系統疾病的人必須多加留意。

叫聲響亮

牠們能發出傳到遠方的叫聲。舉例來說，即使待在隔壁房間講電話，通話對象還是能清楚聽見玄鳳鸚鵡的叫聲。此外，或許是群居的天性所致，牠們討厭孤獨，有時候會不斷鳴叫試圖呼喚同伴。應對方式有成對或多隻飼養、在有人走動的地方飼養等等，儘可能地不要讓玄鳳鸚鵡感到寂寞，但是光靠這些不足以完全解決問題，還是要對牠們叫聲的大小及頻率做好一定程度的覺悟。

壽命長度

人為飼養的玄鳳鸚鵡平均壽命為大約20年，可以說是小型陪伴鳥當中壽命相對長的物種。

不過，也有不少作為上手鳥（掌中鳥）養在家裡的玄鳳鸚鵡在10歲左右過世的案例，相對地，也有留下活了超過30年的紀錄。

共同生活以前，必須謹慎檢視自己能否負起責任一直養到愛鳥壽終正寢。

野外的生活

玄鳳鸚鵡的故鄉

澳洲是全球大陸中平均海拔最低，土地平坦且氣候乾燥的地帶。因此，澳洲也是降雨量特別少的大陸。

即使前往澳洲觀光，也沒什麼機會看到野生的玄鳳鸚鵡，原因在於澳洲著名的觀光地區幾乎都集中在沿岸。

即便是沿岸地區，在冬季也有很罕見的機率觀察到玄鳳鸚鵡，但是一般僅限於牠們逃離極度乾燥的狀況才會發生。

玄鳳鸚鵡廣布於澳洲內陸地區名為澳洲內陸（Outback）的乾燥地帶，同樣來自澳洲的虎皮鸚鵡及粉紅鳳頭鸚鵡也都幾乎棲息在同個地區。

以玄鳳鸚鵡為首的這些鸚鵡棲息的內陸地區，是在澳洲司空見慣的無垠荒涼大地，縱觀全球人口密度極低。

野生的玄鳳鸚鵡屬於留鳥而非候鳥，但是牠們不會定居在同一個場所，而是根據天候及降雨量隨機應變地尋找食物及水源，在廣闊的地區遷徙生活。

以最容易觀察玄鳳鸚鵡的地區之一，鄰近艾爾斯岩的艾利斯泉城鎮為例，冬季入夜之後有時會冷到冰點以下，反觀夏季期間的氣溫有時會攀升到大約36℃。可以說玄鳳鸚鵡生活在溫差相當劇烈的地區。

玄鳳鸚鵡在這片乾燥大地形成10～30隻左右的小型群族，白天待在有尤加利樹及相思樹的河川或湖邊，躲避日照強烈的陽光，以宛如枯枝的外貌生活。

可以觀察到相對於虎皮鸚鵡多在翠綠茂密的樹上休息，身體呈現灰色的玄鳳鸚鵡在選擇占了澳洲林木四分之三的尤加利樹時，比較喜歡待在枯葉及枯枝較多的樹上休息。

融入尤加利樹枯枝的玄鳳鸚鵡群。

©AAK Nature Watch

氣象資料

【北領地】 艾利斯泉 Alice Springs

月	1月	2月	3月	4月	5月	6月	7月	8月	9月	10月	11月	12月
最高氣溫℃	36.5	35.3	32.9	28.4	23.1	19.9	19.9	22.8	27.5	31.2	33.7	35.5
最低氣溫℃	21.6	20.7	17.6	12.7	8.1	4.9	4	5.9	10.3	14.8	17.9	20.3
降雨量mm	42.8	41.2	30.9	16.6	17.7	13	14.3	8.2	8.7	19.8	31.7	38.4

【東北部 昆士蘭州西北部】 伊薩山 Mount Isa

月	1月	2月	3月	4月	5月	6月	7月	8月	9月	10月	11月	12月
最高氣溫℃	36.6	35.5	34.5	32.1	27.9	25	24.9	27.5	31.5	34.9	36.6	37.4
最低氣溫℃	23.9	23.3	21.8	18.5	13.9	10	8.7	10.2	14.2	18.5	21.5	23.2
降雨量mm	116.6	102.4	66.9	13.3	11.4	6.7	7.5	3.3	8.7	19.1	38.8	70.8

【西部 西澳大利亞州】 帕拉布爾杜 Paraburdoo

月	1月	2月	3月	4月	5月	6月	7月	8月	9月	10月	11月	12月
最高氣溫℃	40.8	39.2	37.1	33.8	29	25.1	25.1	27.7	31.5	36.1	38.4	40.7
最低氣溫℃	26.1	25.3	23.6	19.9	14.8	11.3	9.9	11.1	13.9	18.4	21.5	24.8
降雨量mm	57.6	74.5	50.2	23.6	19.2	22.1	12.9	9.6	3.5	3.8	8	25.3

出處： Australian government Bureau of Meteorology http://www.bom.gov.au/

澳洲內陸地區一天當中的溫差也很劇烈，玄鳳鸚鵡過著從黎明時分開始活動，在日落以前歸巢的生活。

此外，據傳玄鳳鸚鵡是澳洲飛行速度最快的鳥，但是觀察經驗顯示實際上有其他飛得更快的鳥。

生活在澳洲內陸地區的玄鳳鸚鵡

©AAK Nature Watch

作為陪伴鳥的歷史

為了調查而遠渡重洋到澳洲的英國海洋探險家詹姆士．庫克（James Cook，庫克船長），基於研究目的把玄鳳鸚鵡帶回母國，已經是距今將近250年前的事情了。英國鳥類學家約翰．萊瑟姆（John Latham）稱其為有冠羽的小鸚鵡，將學名取作「Psittacus novae hollandiae（新荷蘭的鳳頭鸚鵡）」，不過後來德國的約翰．瓦格勒（Johann Wagler）又取了現在的學名「Nymphicus hollandicus（新荷蘭的妖精）」。

學名之所以如此命名，是因為當時人們把澳洲稱為新荷蘭（New Holland）。

「猶如澳洲妖精惹人憐愛的鳥」就是玄鳳鸚鵡的學名由來。至於玄鳳鸚鵡的英文名稱「Cockatiel」，則是源自於葡萄牙語的「Cacatilho（小鳳頭鸚鵡）」。

順帶一提，玄鳳鸚鵡的日本名稱「阿龜鸚哥」或「片福面鸚哥」，似乎是因為牠們雙頰上很有特色的橘色腮紅很像「阿龜」（おかめ，臺灣亦音譯為歐卡妹）面具而得名。

日本的陪伴鳥歷史

玄鳳鸚鵡是在明治時代後期引進日本作為寵物鳥。

這樣一想，日本的玄鳳鸚鵡作為陪伴鳥的歷史相當悠久，不過其配色比色彩鮮艷的虎皮鸚鵡更沉穩，繁殖也不如虎皮鸚鵡簡單，因此價格曾經高到比虎皮鸚鵡貴了10倍以上，隨著時間經過才變成像現在這樣市場穩定的陪伴鳥。

之後進入1970年代，或許也受到集合住宅增建帶來的影響，養鳥熱潮隨之興起。除了虎皮鸚鵡之外，金絲雀、文鳥、十姊妹等各種小鳥作為寵物備受關注。

其中，玄鳳鸚鵡也逐漸受到關注。特別顯著的契機在於，體色呈現淡奶油色的黃化種「白玄鳳」開始在市場上流通。

後來，各式各樣的品種相繼出現，色系增加也帶來推波助瀾之效，玄鳳鸚鵡作為陪伴鳥的地位逐漸穩固。

雖然也曾因為鸚鵡熱的問題導致小鳥熱潮一時退燒，不過1980年左右起，已經可以在小鳥店看到玄鳳鸚鵡的雛鳥了。

話雖如此，當時日本幾乎沒有幾家能為小鳥診療的動物醫院。再來，像現在市面上這種人工飼料（滋養丸）也尚未普及，在保溫及轉換成自主進食方面會比虎皮鸚鵡來得困難，也沒有小鳥專用的保溫設備，所以要在家養育可以上手的玄鳳鸚鵡不像現在這麼簡單。

平成時代的玄鳳鸚鵡熱潮

泡沫時代，特寵動物蔚為流行，罕見的陪伴鳥也從海外陸續引進日本。後來，由於高病原性禽流感的影響等因素，導致鳥類進出口變得比以往困難，所以玄鳳鸚鵡身為日本國內容易取得的中型小鳥再度受到矚目。

牠們個性穩重、多隻飼養也不會吵架，繁殖也相對容易。雖然玄鳳鸚鵡不具鮮豔的體色，不過異色種類還算豐富而廣受鳥迷歡迎，甚至可以說短暫的飼養熱潮從未結束，反而一直延續到了今天。

悠然沉著的玄鳳鸚鵡是特別適合成年女性飼養的陪伴鳥，在想養的鳥類排名也位居第一，如今人氣更是無可撼動。

玄鳳鸚鵡的生理學

人類和玄鳳鸚鵡在分類學上是差異甚大的生物。

了解玄鳳鸚鵡的身體構造，想必有助於每天的飼養工作。

卵生育雛

不限於玄鳳鸚鵡，現生鳥類都是從卵（蛋）中出生。以卵生繁衍後代的生物還有魚類、爬蟲類、兩生類等等，不過由親鳥負責孵蛋並養育孵化的雛鳥，可以說是在其他類別的動物身上看不到的鳥類特有生殖行為。

體溫偏高

鳥類的平均體溫將近40～43℃，非常高溫，玄鳳鸚鵡也不例外。

玄鳳鸚鵡透過偏高的體溫促進基礎代謝，藉此獲得進行飛翔這種激烈運動所需的能量。

以汽車的怠速來想像可能比較好理解。因此，當玄鳳鸚鵡的體溫偏低時，牠們的免疫力也會跟著下降，健康會馬上出狀況。

羽毛

包覆全身的羽毛是鳥類特有的構造，其重量占了全身體重的10%。這些羽毛不僅可以用來保護身體，感到寒冷的時候還能把以自身體溫加溫的空氣存放在羽毛之間，藉此維持偏高的體溫。

翅膀

不只用來飛翔，也會用在繁殖期求偶展示、宣示地盤、威嚇外敵等。

尾羽

除了求偶展示，飛翔時也能發揮舵及煞車的功能。

羽毛

包覆身體表面的正羽是飛翔所需的羽毛，也具有抵消空氣阻力、維持流線型身體結構、防水等功能。在正羽內側的絨羽是保持體溫的重要羽毛。全身的羽毛每年會換一次（換羽）。

具有嘴喙

鳥類擁有嘴喙。為了讓身體變輕以便飛翔，牠們演化出了嘴喙而非牙齒。嘴喙由角蛋白包覆而成，其內側還有血管及神經通過，所以摸起來有溫度。

鸚形目鳥類會靈巧地使用朝下彎曲的上頜前端弄破種子來吃。

此外，牠們會透過梳理行為將嘴喙保持在適當長度（磨耗）。

舌頭

擁有肌肉發達的厚舌，用來剝開種子

的外皮。這是牠們得以模仿聲音的原因之一。

不會起雞皮疙瘩

由於汗腺退化的緣故，牠們不會流汗。此外，因為無法讓汗腺收縮，所以也不會起雞皮疙瘩。

雙眼瞼

除了普通的眼瞼，其內側還有一層具有護目鏡功用的瞬膜。下眼瞼是用來及早發現天敵的構造。即使眼瞼閉闔，還是能感受到光線。

眼睛

據說視力是人類的3～4倍，除了可見光之外還能看到紫外線。

耳孔

在眼睛斜下方附近有耳孔。平常藏在羽毛下看不到，不過牠們的聽覺是人類的好幾倍。

蠟膜

位於鼻孔周遭的柔軟皮膜。也是感覺器官。

骨骼中空

鳥類的骨骼也很有特色。人類擁有的骨骼重量約占體重的20%，但是鳥類的骨骼僅占全身體重的5%左右。骨骼數量也很少，骨骼內部還呈現中空狀，有多條支柱複雜地相互交錯，使密度較低的骨骼保有一定強度。

【骨骼系統】

嗉囊

暫時貯存食物的消化道的一部分。沒有消化功能。

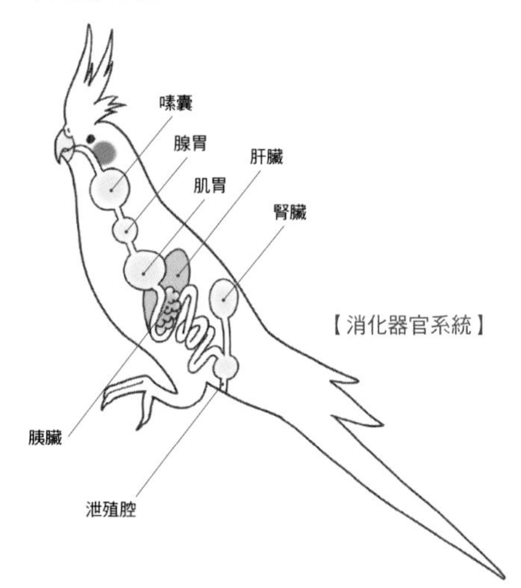

【消化器官系統】

兩個胃

食物會從消化道中的嗉囊經過兩個胃進行消化。

第一個胃名為腺胃或前胃，透過消化腺分泌胃液消化從嗉囊流下來的食物。第二個胃名為肌胃、後胃或砂囊，是由肌肉構成的胃囊，利用砂粒消化食物。

氣囊

雖然不具能使肺收縮的橫隔膜，但是收縮九個薄袋狀氣囊，即可有效率地進行氣體交換。氣囊還有增加浮力、調節體溫的作用。

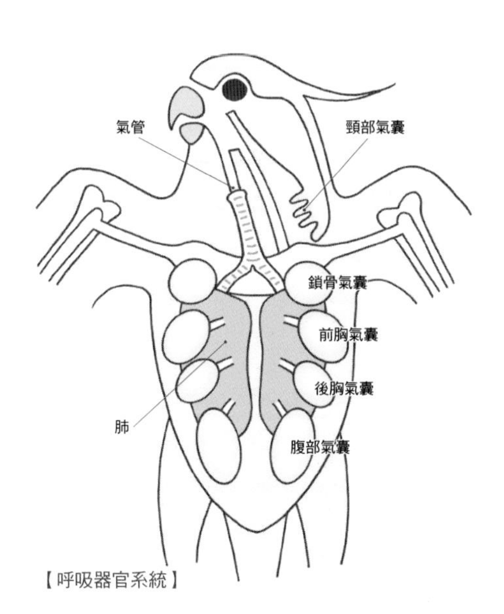

【呼吸器官系統】

泄殖腔

為了方便飛翔，排尿、排泄、交配都是透過泄殖腔這個單一通用開口進行。

腳趾爲對趾足

相對於雀類的腳趾為前三根、後一根的三前趾足構造，鸚鵡及鳳頭鸚鵡類的腳趾為前兩根、後兩根的對趾足構造。有些玄鳳鸚鵡能夠靈巧地活用四根腳趾抓握物體。

腳爪

會一輩子持續生長。腳爪也有神經及血管通過。

尾脂腺

尾羽根部附近的分泌腺。將此處分泌的皮脂塗布全身，有助於提高羽毛的防水性。

換羽

老舊的羽毛脫落、新生的羽毛長出，稱為換羽。

這個時期身體容易生病，必須攝取比平常還要多的養分。

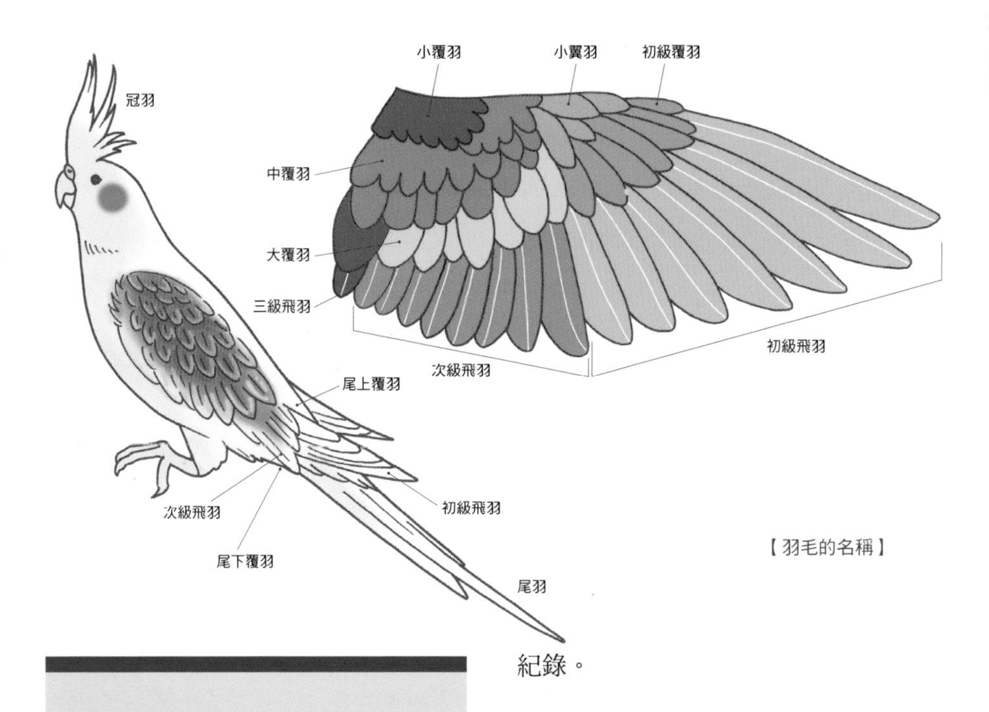

【羽毛的名稱】

體長為30～35公分（若為成鳥）

體長是指從嘴喙端部到尾羽端部的長度。

翼展（張開翅膀時，翅膀端部到另一端的長度）超過40公分。必須準備寬敞的鳥籠。

體重為80～120公克（若為成鳥）

根據身體及骨架大小會有個體差異，標準體重也有落差。母鳥會比公鳥稍大一些。

平均壽命為大約20年

也有留下玄鳳鸚鵡活了超過30年的紀錄。

冠羽

位於頭頂的飾羽，會根據當下的心情及精神狀態平貼或豎起。

腮紅

雙頰的腮紅是玄鳳鸚鵡的招牌特色，不過也有不帶腮紅的品種。

屬於鳳頭鸚鵡科

雖然鸚鵡總科和鳳頭鸚鵡總科統稱為鸚鵡，不過兩種鸚鵡在分類學上有所差異，而玄鳳鸚鵡屬於鳳頭鸚鵡科。

分辨公母

外觀上的差異

公鳥（若為普通種）

雛鳥～幼鳥階段在尾羽及飛羽背側有條紋，不過到了成鳥階段就會消失。

雛鳥階段黯淡的臉部顏色也會在成鳥階段轉為鮮黃色，腮紅的橘色也會變得更明顯。

母鳥（若為普通種）

尾羽及飛羽背側有偏白的條紋。

臉部顏色比公鳥來得黯淡，腮紅也是帶灰的橘色。

普通種以外的品種要分辨公母

普通種以外的幼鳥及母鳥在尾羽背側及飛羽背側有條紋，不過淡到看不太清楚，有時候看起來就像陰影。

派特品系、黃化、白面黃化等品系的條紋很難辨識，再加上有些個體的條紋經過一段時間才會消失，所以有時候要等到出生後1年以上才能透過外觀分辨公母。

公鳥在出生後3個月左右會開始出現求偶展示的行為，所以有時候能及早透過行為來判斷性別。

珍珠品系的公鳥其珍珠斑點會隨著成長而消失，不過也有罕見殘留的案例。

行爲上的差異

公鳥

- 用響亮的聲音發出長鳴
- 持續用嘴喙敲打棲架及地板
- 展開尾羽像跳舞一樣躍動、歪頭
- 對著棲架及玩具等特定物體吐料

母鳥

- 叫聲會比公鳥短悶
- 比公鳥穩重沉著
- 做出壓低身體、尾羽往上翹的姿勢

倘若有繁殖之類的需求，希望及早確定公母時，不妨請熟習鳥類的動物醫院以羽毛或血液進行DNA性別鑑定，或是挑選可以從基因上驗明性別的個體。

COLUMN

早期母子分離引發的分離焦慮

不光是人類，當動物出生後依附在母親身邊的時間不夠充裕，被迫在早期經歷母子分離，可能也會導致牠們在成長階段發生問題。心理學上將這類問題稱作「依戀障礙」。

尤其犬隻、大型鸚鵡及鳳頭鸚鵡等動物，因為分離焦慮引發的亂咬、亂叫這類問題行為更是嚴重。

相較於此，玄鳳鸚鵡不僅身形嬌小，原本攻擊性就不高，叫聲也可以藉由隔音手段將其控制在一定的範圍，所以通常會把特殊行為當作「特色」來看待，至今不太會把分離焦慮視為一種問題。

——即使從雛鳥階段細心養育，作為陪伴鳥好像仍有一些棘手的部分。

如果不幸遇到那種玄鳳鸚鵡，不妨懷疑是不是早期母子分離引發的分離焦慮所致，採取適當的溝通手段來改善彼此關係，減少愛鳥的焦慮。

焦慮的真相

焦慮這種情緒是動物為求生存不可或缺的感覺。因為感到焦慮才會戒備可能威脅到自己的危機，催生出逃離那個危機的原動力。

不過，那是萬不得已的狀況，如果平常一直對某些事物感到焦慮，反而會對日常生活造成問題，人與鳥皆同。

親鳥放棄育雛、雛鳥本身體質衰弱等狀況，恐造成雛鳥在親鳥身邊缺乏妥善照顧，或是缺少和同巢手足玩耍的機會，進而導致早期離巢的陪伴鳥當中，出現缺乏向家長撒嬌的（依賴）經驗就被迫獨立的個體，容易表現得極度膽小或很有攻擊性。這也稱為精神獨立的失敗，深陷在慢性的「被捨棄的焦慮」中。

早期母子分離的弊病

牠們會對拉動窗簾的聲音、筆從桌上滾落的聲音等，生活中的些微聲響過度反應而陷入恐慌。

或是極度害怕人類，因為恐懼而咬人。

一旦飼主及家人的身影消失在眼前，就會持續發出有如悲鳴的叫聲。還是沒有人來的話，連飼料也不願意吃，逕自蜷縮在鳥籠的角落。

為了避免養出這種難以伺候的鸚鵡，身為飼主可以做些什麼呢？

●如何應對分離焦慮

相較於其他鸚鵡，玄鳳鸚鵡的哺餵期間也容易拉得比較長。一般認為，這種現象也和牠們想依賴親鳥及相當於親鳥的對象的時期較長有關。

因此，不妨讓牠們在雛鳥階段盡情撒嬌。話雖如此，若非必要的話，還是盡量不要叫醒睡著的雛鳥一起玩耍等等，因為這種行為反而會徒增雛鳥的不安。

雛鳥階段的習性是吃飽睡、睡飽吃，所以充分地餵食過後，最好置於安靜偏暗的鳥巢等處，讓牠們在溫暖的環境好好休息。

此外，因為嫌叫聲太吵而把愛鳥隔離在與家人分開的場所，這類情形也要審慎考慮。

如果愛鳥是因為焦慮而鳴叫，應該讓牠們了解鳥籠是可以放心待著的安全場所，即使看不到人影，飼主及家人也在時時刻刻掛念著牠們。

如果此時持續忽視牠們，恐會引起心理上斷絕寄託愛情的對象（飼主），也就是名為「疏離」（去依戀）的狀況。

吹吹口哨或說話回應都可以。透過一些簡單易懂的方式，告訴玄鳳鸚鵡「我在這裡唷」、「我很重視你唷」吧。

再來，請把進入離巢階段的愛鳥帶去自家以外的場所。玄鳳鸚鵡也需要歷經「社會化」的過程。

不妨在各式各樣的場所和不同的人接觸，藉此提高愛鳥的社交性，消除愛鳥的分離焦慮。

Exposé au sud
Tres beau paysage

Chapter 2

飼養

每天的健康管理

為了讓玄鳳鸚鵡每天健健康康，不妨養成在日常照顧時幫牠們檢查健康的習慣。觀察愛鳥的飼料量、糞便狀態、體重的變化等等，成為一個有些微異狀會馬上發現的飼主吧。

日常的照顧

放置鳥籠的場所

放置玄鳳鸚鵡鳥籠的場所，以從愛鳥的角度來看能夠安心生活的地方、能隨時感知到家人在附近的地方為佳。

避免放在有電視或音響設備的噪音及震動之處、電話旁邊、夜間會有光線照進來的地方，選個外部刺激較少的場所定點設置鳥籠。

清醒時間
以日出到日落的期間為基準

在室內生活的玄鳳鸚鵡仍會敏銳地依循季節更迭的步調，而且牠們和我們一樣擁有按照一天節奏運作的生理時鐘。

生理時鐘一旦錯亂，可能會引發慢性病及肥胖等問題，日照時間過長也會促使牠們過度發情。盡量讓愛鳥的清醒及睡眠時間貼近自然規律比較好。

話雖如此，根據飼主的生活習慣，有時候可能連放風的時間都沒有。人為飼養的小鳥通常連午睡時間也很充裕，所以在力所能及的範圍內一步步改善就可以了。

具體的方法是從早上5時左右、最晚8時以前，掀開鳥籠罩布使環境明亮；晚上在20時以前蓋回鳥籠罩布，營造方便入睡的氛圍。

至於叫醒玄鳳鸚鵡的時間，以春至夏季為14個小時左右，秋至冬季為10～11個小時左右為基準。

更換飼料及飲水

每天早上更換飼料及飲水。餵食穀物種子的時候，直接從上方加滿容易養成牠們偏食某些種子的胃口，所以要花一些功夫訓練到可以均衡吃光所有種子。

不要每天只換一次飲水，看到水髒了就要勤於換水。尤其夏季期間要特別注意，混有飼料或糞便的水一旦擱置就會滋生病菌、容易腐壞。

適當的餵食分量

以玄鳳鸚鵡來說，占其體重10％的飼料是必要攝食分量。除此之外，還要考慮到飼料溢出的分量、穀物種子外殼的重量，才能掌握好一隻玄鳳鸚鵡每天所需的攝食分量。

以體重100公克的玄鳳鸚鵡為例，必要攝食分量落在10公克上下，但是考量到一些可能的狀況，每天投入的飼料量最好占其體重20％。

如果是以帶皮穀物種子為主食，外殼及溢出飼料的量通常會比滋養丸還要多，所以投入的飼料量占體重25～30％左右比較放心。

如果玄鳳鸚鵡有減肥需求，不妨先從點心減量、把滋養丸換成減肥配方產品開始做起。

更換青菜

青菜的部分以每週4、5次左右的頻率餵食。吃全方位營養滋養丸的話可以不用給青菜，不過從滿足玄鳳鸚鵡口欲的觀點來看，還是推薦給予微量的青菜。

花瓶形狀的裝菜容器水質容易腐壞，等愛鳥差不多吃完青菜了，就連同裝菜

瓶及早撤下吧。

測量體重

要調查牠們有沒有好好吃飼料，可以使用電子秤測量飼料的分量，或是直接測量愛鳥的體重。

量好分量以後給予飼料，隔天早上再測量剩餘的分量，即可算出牠們吃了多少，不過這樣一來無法扣除溢出的飼料。

而調查體重的方法則是在每天放風的時候，將愛鳥裝在透明盒內或使其站在棲架上，再放到電子秤上測量體重。

如果對象是雛鳥，使用電子秤以餐後體重減去餐前體重，即可算出該次吃了多少飼料。

體重會隨著季節更迭、換羽、發情，每天出現些微的變化。

勤奮地記錄體重，就可以推測體重變化是因為季節還是生病所致等等。

關於肥胖的問題，平常有在檢查腹部鼓脹程度的話，久而久之就可以判斷是否有肥胖或吃太多等狀況。

檢查排泄物

糞便的量、顏色及狀態也是健康管理的指標。

用心掌握愛鳥的糞便多寡，以及每天大概上幾次廁所吧。遇到緊急狀況時有助於健康管理。如果能一併確認大致顏色、形狀及軟硬度的話更好。

健康的玄鳳鸚鵡的糞便，若是以穀物種子為主食會呈現深綠色與白色，若是以滋養丸為主食會呈現淡褐色與白色的半固狀物質（食用有顏色的滋養丸則不在此限。糞便當中的白色部分為尿酸）。

當糞便的量減少或變得比較稀，明明並未更換飼料，顏色卻產生變化這類狀況發生時，可能是愛鳥的身體出現某些異狀的警訊。

如果是因為吃太多蔬果等等導致糞便變稀，就要迅速地減少這些食物的分量。

清掃鳥籠

在鳥籠的金屬網底部鋪幾張報紙或廚房紙巾，並每天進行更換。

趁機確認排泄物的顏色、形狀及分量。

此外，一併觀察脫落的羽毛量，有助於及早發現愛鳥的健康變化、換羽、生蛋徵兆等。

尤其飼料盆、水盆、副食盆、裝菜瓶的部分，要使用牙刷等物把每個角落刷洗乾淨。

檢查飼養用品

設置在鳥籠上的玩具綁繩鬆動、有珠子或鈴鐺脫落的話，就要換新或修理。也要檢查棲架上有無碎木屑這類可能造成愛鳥受傷的尖銳物。

沾在棲架及玩具上的吐料等髒污很不衛生，必須及早移除、洗淨。

定期進行消毒

不必每天進行這項工作，不過可以挑週末這類時間充裕的日子，趁天氣晴朗時拆解鳥籠，連同飼料盆及棲架一起用熱水進行消毒。

用熱水消毒過的飼養用品要擦乾水分，如果天氣晴朗，可以在陽光下照2個小時左右充分晒乾，還附帶紫外線殺菌的效果。

如果擔心塑膠材質會變形，可以使用稀釋過的漂白水，或將嬰兒用品的消毒液（比如米爾頓消毒液）稀釋後裝在水桶裡，進行藥液消毒可以帶來更強的殺菌消毒效果。

使用漂白水消毒飼養用品的時候，要用流水仔細清洗，直到臭味消散才能給小鳥使用。

關於日光浴

鈣是構成鳥類羽毛及骨骼不可或缺的營養素。

即使單獨攝取鈣質，也沒辦法順利吸收。要和維生素D一起攝取，才能讓身體有效率地吸收鈣質。

維生素D屬於脂溶性維生素，攝取過量恐會產生副作用，所以最好透過自然的管道攝入體內。而日光浴就是一個不錯的方式。

玄鳳鸚鵡可以藉由日光浴照到紫外線，在體內有效率地合成維生素D3。

因為日光浴也有這種好處，可以的話，將其列入每日待辦事項為佳。

除了合成維生素D，日光浴也可以讓愛鳥得知現在是白天，再加上沐浴在陽光下有助於放鬆，有望帶來整頓生理時鐘的效果。

日光浴只能隔著窗戶玻璃進行，最好選擇日照柔和的上午時段進行。一般認為時間介於10～15分鐘左右就足夠了。

窗戶玻璃有阻絕大部分紫外線的效果，所以不妨偶爾隔著紗窗進行日光浴。

此外，直射陽光有導致中暑的風險，務必要在籠內保留一塊陰涼的空間。

如果讓愛鳥晒日光浴有困難，也可以使用會放出接近陽光紫外線的「全光譜照明燈」來進行日光浴。設置在離鳥籠數十公分的地方，一天照射2～3個小時左右即可（※照射時間請視產品效能自行斟酌）。

不同季節的健康管理

各生命階段所需的環境有所差異

雖然玄鳳鸚鵡在雛鳥階段需要細膩的溫度控管，不過等牠們進入成鳥階段，對溫差的耐受度也會提高，是健壯又容易飼養的鳥。

此外，由於牠們對氣溫、日照時間等四季變化也很敏感，所以全年待在有空調控溫的房間裡生活，對健康的玄鳳鸚鵡來說相當無趣。

要把根據愛鳥的身體狀況及生命階段，隨時打造當下所需環境的念頭銘記於心，好好思考什麼才是對牠們來說最舒適的環境。

春
（3月～5月）

這是對玄鳳鸚鵡來說最舒適的季節。如果有在考慮迎接新的雛鳥回家，選在氣候溫暖的春季準不會錯。進行繁殖的時機亦同，考慮到親鳥的負擔，安排在最容易育雛的春季為佳。

留意白天的溫差

就算白天很溫暖，有時候在6月以前還是會碰到早晚氣溫驟降的日子。即使養在室內，還是容易感受到劇烈的溫差。適應不了這種急遽的溫度變化，導致健康出狀況的案例不算少見，所以春季期間還不能移除保溫設備，仍要進行

細膩的溫度控管。

享受春天

在陽光和煦的少風暖日，不妨試著把玄鳳鸚鵡裝進外出籠，帶去公園等處散散步。

提著外出籠走在路上，可能會吸引到一些好奇想看的路人，但萬一愛鳥走失那就太得不償失了。保持籠門緊閉的狀態來應對吧。

也可以摘取路邊的蒲公英或繁縷新芽，當作餵給玄鳳鸚鵡的小點心。摘取野草的時候，要挑選沒有被農藥、橙劑（落葉劑）、廢氣、犬貓糞便等物汙染的植物，帶回家充分洗淨以後再餵食。

夏
（6月～8月）

玄鳳鸚鵡的原產地在澳洲的內陸地區，可以說是耐旱耐乾燥的鳥。不過，在熱島效應等作用之下，日本的酷暑出現將近40℃盛夏日的情況也越來越普遍，不能掉以輕心。白天切莫緊閉飼養鸚鵡的房間，再搭配使用空調，應該就能順利度過酷暑了。

確認飼養環境的溫濕度

如果愛鳥抬起翅膀、半開著嘴喙，還發出類似喘氣的呼吸，可能是牠們感到悶熱的警訊。馬上把鳥籠移到較為涼爽的地方吧。待在水盆旁邊露出氣喘吁吁的模樣也是一樣。

此外，對過去生活在乾燥地帶的玄鳳鸚鵡來說，濕度過高也是一大問題。濕度介於40～60％最為合適，一旦超過60％，以黴菌為首的壞菌就會開始增生。最好使用除濕機或空調的除濕功能，控制濕度不要太高。

留意過度降溫

一般認為，相較於人類會感到涼快舒適的冷氣房，溫度稍微高一些的房間對玄鳳鸚鵡來說才是比較適居的環境。

如果把牠們養在冷氣房，就要留意空調及電風扇的風向。

為了保險起見，夏季期間不妨一併準備寵物用保溫器等保溫設備，避免籠內的溫度下降太多。

如果看到愛鳥蓬起全身羽毛一副很冷的樣子，可能是房間的溫度太低。

飼料要放在冰箱冷藏

飼料、青菜在梅雨季及夏季期間都很容易腐壞。如果高溫多濕的狀態沒有改善，滋養丸會因為濕氣而受潮，而穀物種子甚至可能長蟲。如果有看到蟲子的蹤影，必須毫不猶豫地把飼料倒掉。

飼料一經開封，就要移到乾燥潔淨的容器，並放入冰箱冷藏保存。

飲水也有容易腐壞的時期，所以至少要在早、晚各換1次飲水。水盆及裝菜瓶也很容易累積水垢，要每天使用牙刷等物把每個角落刷洗乾淨。

開關窗戶時也要留意

天氣炎熱時，開關窗戶的機會也會增加。為了防止愛鳥不小心飛到窗外，打開窗戶時一定要有紗窗遮擋，並且全家人要養成隨手拉上窗簾的習慣。

夏季日光浴要隔著薄紗窗簾等物在短時間內進行，以免愛鳥中暑。

避免在夏季繁殖

梅雨季至夏季期間，巢箱內的溫濕度都容易變得很高，對正值孵蛋或育雛期的親鳥來說負擔很重。

夏季是鳥籠及巢箱內部最容易孳生黴菌或蜱蟎的時期，對愛鳥身體造成的負擔也很大，所以最好避免在夏季期間進行繁殖。如果是成對飼養，可以事先將巢箱從籠內移除，避免配偶出現繁殖行為。

秋
（9月～11月）

秋季和春季一樣，是對玄鳳鸚鵡來說很舒適的季節。

早秋算是也很適合繁殖的季節，但是接下來天氣會逐漸變冷，考量到孵蛋、育雛、產後衰弱的親鳥需要恢復期等等，選在春季繁殖對親鳥造成的負擔會比較小。

在夏季體力衰退、入秋又受寒著涼，因此而生病的個體不在少數，為了應對早晚降溫的狀況，最好趁早備妥保溫器，以免飼養環境的溫度急遽變化。

享受秋季風味

為了度過即將到來的嚴冬，不妨準備一些營養價值高又好吃的當季蔬菜，分一些給玄鳳鸚鵡嘗嘗。

秋季時蔬有胡蘿蔔、小松菜、青江菜、青花菜等等。胡蘿蔔及青花菜先汆燙再餵食比較好消化，也能提高吸收養分的效率。不過，燙過的蔬菜容易腐壞，所以不要擱置在籠內。

除了蔬菜以外，秋季的水果及樹果也很美味，但是玄鳳鸚鵡原本的飲食生活基本上不需要吃水果及樹果這類點心。這些食物可能會造成肥胖或腹瀉，所以即便打算餵食也只能給一點點，還要檢查愛鳥近期的糞便狀態。

需留意秋季溫度驟降

風也會漸漸變冷。縮短日光浴的時間，嚴禁放任愛鳥在沒有防寒對策的不備狀態長時間待在室外。

季節交替的時期當中，又以秋冬之際最難做好健康管理。尤其必須特別注意早晚的氣溫驟降。

防寒對策必不可少

日本在秋季也有持續降雨的時期，有時候濕度很高、寒氣逼人的冷天多日不會緩解。

對過去生活在相對溫暖乾燥地區的玄鳳鸚鵡來說，可以說是過得最不舒適的時期了吧。

尤其亞成鳥、老鳥、病鳥對氣溫變化特別敏感。不妨在變冷以前記錄全天的溫度變化，趁早備妥寵物用保溫器，幫鳥籠蓋上防寒用罩布或放入防寒用壓克力箱。及早準備好防寒對策是守護玄鳳鸚鵡健康的關鍵。

冬
（12月～2月）

日本的冬季降雨量少、被冷氣團籠罩，通常冷天會持續很長一段時間。就跟人類一樣，玄鳳鸚鵡在冬季也容易生病，這是一旦健康出狀況就得花時間恢

復的季節。

此外，過年前後的尾牙及春酒、跨年、拜年、返鄉、旅遊等活動接連到來。當飼主的生活步調變得比以往更不規律，就會無可避免地連帶影響到愛鳥的生活節奏。

冬季期間要嚴格控管室溫及健康，保護愛鳥不受寒冷侵襲。尤其對體力衰弱的幼鳥及老鳥來說，冬季嚴寒是生死攸關的問題。

一旦在冬季生病，後續恢復所需的保溫也不容易掌控。保持健康、避免生病比什麼都重要。靠著萬全的防寒對策過冬吧。

過冬的方式

籠內的溫度以20℃以上較為理想，如果是健康的鳥，只要沒有表現出蓬起羽毛、看起來很冷的模樣，那麼保暖並非必要手段。

反而更需要留意溫度急遽變化的問題。

如果是健康到無可挑剔的年輕個體，有時候即使室溫在15℃左右，也不會產生健康方面的問題。

話雖如此，因為存在個體差異，如果室溫在20℃以上愛鳥仍蓬著羽毛，就要趕快採取保溫措施。

檢查羽毛的蓬起狀況，判斷愛鳥是不是因為寒冷才有這種表現。

如果是養在像室外禽舍這種難以提供適當保溫的地方，為了抵禦寒冷、維持較高的體溫，玄鳳鸚鵡的基礎代謝量會大幅提高。飼料的消耗量也會因此倍增，飼主在留意給予充足飼料的同時，也要挑選含有較多脂肪與蛋白質含量的食物。

暖氣房對策

冬季期間，即使空調及寵物用保溫器都有打開，溫度還是難以上升到期望的溫度。

因此，根據冷空氣下降、暖空氣上升的空氣對流原理，冬季期間二樓會比一樓還要溫暖，而室內的高處會比低處還要溫暖。舉例來說，可以放在置物櫃上方、掛在接近天花板的地方，多花心思尋找安置鳥籠的位置，盡量確保牠們待在溫暖的環境。

也要留意放置鳥籠的位置。避開容易受到室外空氣影響的牆壁及窗戶旁邊，還要鋪上毯子等物以防鳥籠的溫度太低。

此外，由於暖氣房容易變得極度乾燥，最好搭配加濕器等物來維持適當的濕度，對人類來說也有預防感冒的作用，營造舒適的生活。

獨自看家

與玄鳳鸚鵡長年生活，令許多飼主感到頭疼的其中一點是獨自看家。家裡沒人的時候，應該如何安置愛鳥呢？

盡量避免家裡空無一人無疑對玄鳳鸚鵡最為理想，可是有時候難免會遇到返鄉、出差、旅遊、住院等必須在外住宿，不得不放牠們獨自看家的情況。

玄鳳鸚鵡獨自看家

如果飼主只有一個晚上不在家的話，放玄鳳鸚鵡獨自看家不至於太危險。

原因在於牠們通常對環境變化也很敏感，待在狹小外出籠移動的壓力、移動期間的震動及噪音等，都是造成神經緊繃的來源。

如果可以適當地管理空調，即使要玄鳳鸚鵡連續兩個晚上獨自看家也未必不可能。

不過，為了預防飼料盆及水盆由於某些原因翻倒等意外狀況，最好將飼料及飲水的量加到平常給予的3～4倍分隔兩處放置，穩穩地固定在鳥籠上。

如果玄鳳鸚鵡平常就喜歡吃小松菜、胡蘿蔔等蔬菜，放進這類食物或粟穗作為備用糧食比較放心。

此外，如果是平常就會打翻飼料盆的鳥，總之外出期間先把鋪在底部的隔屎網移除吧。

如此一來，即使飼料從飼料盆中灑落，玄鳳鸚鵡仍可以自己下去撿食，雖然不太衛生，至少能夠免於斷糧的危險。

身處在全黑的房間內，玄鳳鸚鵡要取食、喝水都不方便，所以最好把鳥籠放置於陽光不會直射，但是仍有適量光線從外面照進來的地方再出門。

夏、冬季獨自看家

夏、冬季是難以控管溫度的季節。如果要放玄鳳鸚鵡獨自看家，開著空調自動控溫的期間控制在一個晚上為佳。尤其在夏季期間，飲水及青菜等食物容易腐壞，緊閉的室內也暗藏著高溫風險，會比其他季節更難放愛鳥獨自看家。

冬季期間使用保溫器連同鳥籠一併保溫，再搭配溫度控制器來調節溫度，仔細確認飼養環境有無溫度太高的問題吧。

移除鳥籠上多餘的物品

可以理解飼主及家人不在家的期間，擔心愛鳥可能感到無聊，想要放新玩具或多塞一些玩具的心情，但是這種想法很危險。不習慣的新玩具、不習慣的籠內配置，恐會成為意外事故的主因。

因為不曉得愛鳥會用什麼方式來打發時間，所以籠內反而要設置得比平常更清淨。

當天提早返家

準備放愛鳥獨自看家的時候，鳥籠要選在家中日夜室溫變化較少的場所，還要放置在平穩的低處以應對地震等災害。

為了避免返家時遇到列車誤點、塞車等難以預測的情況，也為了在家中等待主人賦歸的玄鳳鸚鵡，盡量提早出發、提早返家比較好。

移動／外宿

移動 以使用外出籠為主

當飼主必須外宿超過兩個晚上，又臨時找不到合適的安置場所時，可以把玄鳳鸚鵡放進設有棲架的小型外出籠，一起移動到住宿地點。

因為直接提著平常用的大型飼養用鳥籠移動並不穩定，可能反而會令愛鳥感到不安。

移動期間的飲食

最好事先準備一些粟穗，在移動期間愛鳥肚子餓的時候，加到牠們平常吃的主食裡。滋養丸及穀物種子這類飼料，可能會因為飼料盆震動等因素灑落在地板上，但是粟穗的話就不必擔心這個問題。

此外，為了補充水分，可以把新鮮的青菜放進外出籠，事先撤掉水盆。

這是因為飲水和飼料一樣可能由於某些原因在籠內灑出，如果玄鳳鸚鵡的身體不幸淋濕，恐會造成牠們流失重要的體溫。

即使如此還是放心不下，或愛鳥不習慣吃青菜的話，還有事先裝水到水壺裡面，等到中途休息再餵牠們喝水的方法。

餵水的時候，要密切留意籠門的開關。在陌生場所打開外出籠的動作伴隨著發生未知意外的風險，所以務必留意周遭情況，確保安全以後再開關籠門。

準備餵給玄鳳鸚鵡而帶在身上的水基本上使用常溫。如果打算到了目的地再買水，自動販賣機的商品會太冷，建議到便利商店等處取得常溫水。

再來，外國製礦泉水中也有硬度太高的產品，所以還是選用國產品牌比較保險。

外出籠與罩布

從外出籠能一清二楚地看見外頭風景，對玄鳳鸚鵡來說似乎也是坐立難安的事情。接收不習慣的視覺刺激容易疲累，所以最好把兼具遮擋與隔音作用的薄布蓋在外出籠上。

如果是使用疑似PVC加工過或太厚的布料，不僅我們無從得知內部情況，密閉程度太高也會衍生出玄鳳鸚鵡在籠內窒息的風險，所以必須嚴加留意。

此外，偏黑的布料比其他顏色更容易吸熱。如果遭到陽光直射，可能會導致籠內的玄鳳鸚鵡不幸中暑。罩布要選用透氣性優良且偏白的布料比較好。

外出籠的位置

移動期間，外出籠要選在不會被窗外陽光直射的地方，每隔一小時稍作休息也察看一下有無異狀，確認外出籠內的玄鳳鸚鵡狀態如何。

如果是開車移動，需要留意勿把外出籠置於空調出風口前；如果是搭列車移動，勿把外出籠置於腳邊的暖氣風口前等處。

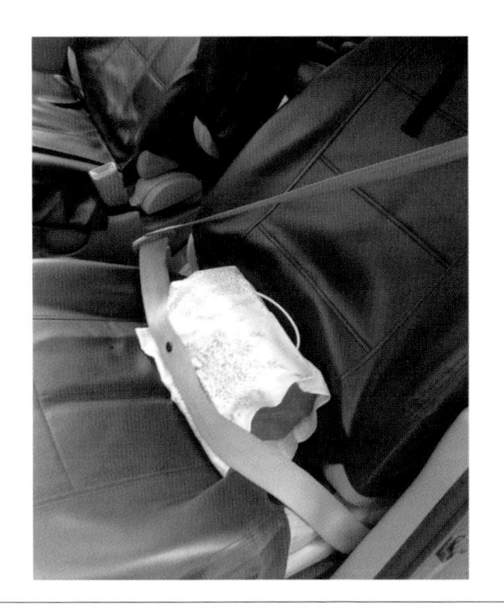

順帶一提，天氣預報的氣溫是以離地1.5公尺高為基準。據說接近地表處會比該溫度高出3℃左右。大熱天下的柏油路有時候甚至高達50～60℃。

尤其在夏季期間提著裝有玄鳳鸚鵡的外出籠，更要謹記這多出來的3℃，不要直接將籠子置於低矮的長椅、鋪有瀝青的道路這類低處。

嚴禁獨留鸚鵡在車上

獨留玄鳳鸚鵡在車上是非常危險的行為。即使不是正值夏季，陽光直射也可能導致車上的溫度在數分鐘之內上升到40～50℃，形成高溫的環境。因為獨自留在車上導致中暑死亡的寵物不勝枚舉。

絕對不要獨留玄鳳鸚鵡在車上，請飼主利用外出籠帶著牠們一起移動。

使用保冷劑的注意事項

夏季期間進行移動時，可以將小型保冷劑貼在外出籠外側，以防愛鳥中暑。

為了避免裡面的玄鳳鸚鵡身體受寒，降溫的場所必須固定，並且要設置一處當愛鳥感到寒冷時可以躲避的空間。

使用拋棄式暖暖包的注意事項

若要在嚴冬時期進行移動，可以將拋棄式暖暖包貼在外出籠外側，幫助愛鳥保溫（貼在內側有低溫燙傷的風險）。拋棄式暖暖包的原理是透過周遭的氧來發熱，要多加留意有無缺氧的問題。

飼料要準備平常兩倍以上的分量

隨身攜帶的飼料要準備得比平常更多。因為當玄鳳鸚鵡來到陌生場所變得神經緊繃，看到異於平常的飼料可能會戒備而拒食。

萬一在外住宿的天數突然延長，那就成了生死攸關的問題。尤其滋養丸及副食類產品很難在專賣店以外的地方購得，事先多帶一些出門，碰到緊要關頭也會比較寬心。

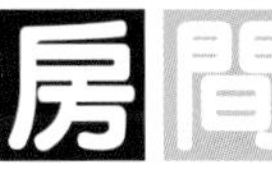

危機四伏的房間

潛藏在房間裡的諸多危險

在狹窄室內放風有其風險。試著以鳥瞰角度巡視房間內部，再三檢查吧。

●藥品類

玄鳳鸚鵡的動作相當靈巧，有時候還能用嘴喙和雙足打開藥盒，啃咬容器內部的藥品。

觀葉植物等所需的土壤，以及用在上述地方的液體、固體肥料也有引發中毒的風險，最好放在玄鳳鸚鵡的嘴喙無法觸及的地方保管。

此外，過去甚至發生過某隻鸚鵡腹瀉

不止，探查原因以後才發現，是放置該鸚鵡鳥籠的收納櫃抽屜內已開封的衣物防蟲錠所致。即使沒有誤食入腹，還是有可能像這樣危害到牠們的健康。

●烹飪器具

據說經過鐵氟龍加工或氟加工的平底鍋及平底烤盤，加熱時會產生包括致癌物質在內的15種有毒氣體。

一般認為如果對象是人類，要超過350℃才會對身體產生危害，但是對象換成鸚鵡的話，曾經留下超過200℃時產生的氣體導致死亡的案例報告（倘若以大火加熱，有時候2～3分鐘就會達到200℃）。烤箱微波爐亦同。在使用這些烹飪器具的時候，務必要打開窗戶或換氣扇，在短時間內進行調理，並把愛鳥移到其他房間以免牠們誤闖廚房。

過去為了探測有無缺氧而把金絲雀帶入礦坑的方法非常有名，不過這也顯示出小鳥對於環境變化很敏感，有時候還會因此殞命，必須謹記在心。

●揮發性物質、生煙物質

防蟲噴霧、殺蟲劑、蚊香、薰香、油漆、稀釋劑……這類產品對玄鳳鸚鵡來說也是劇毒，只能在遠離鳥籠的地方使用。不只要留意室內，從敞開的窗戶流進來的附近工程所用的揮發性塗料或藥品，也有造成愛鳥死亡的案例。千萬不能輕忽，飼主自己要對臭味及刺激性味道有所警覺。

●絲線、粗繩、橡膠類

絲線、粗繩及橡膠對玄鳳鸚鵡來說是玩具。但是，這些物品容易纏上牠們的雙足或頸部，而纏在身上的東西沒有那麼容易解開。在牠們掙扎的過程中，可

能會發展成難以挽回的嚴重事故。

●細小零件

耳釘及耳環等飾品、掛在手機上的吊飾等物，是相當吸引玄鳳鸚鵡的新奇玩具，但是細小的零件有誤食的風險，非常危險。

玄鳳鸚鵡會想和飼主的指甲玩耍，但是用於美甲的碎鑽等金屬零件也有毒性，必須留意。

●踩踏事故

好奇心旺盛的玄鳳鸚鵡有時候會鑽進翹起的地毯、報章雜誌、散亂的衣服底下等處。考慮到玩耍的安全性，雖然空間稍嫌狹窄，但是也可以採用以蚊帳限制其行動範圍的方法。要留意蚊帳不要被牠們咬出洞來。

●對玄鳳鸚鵡危險、有害的物品

●塑膠袋　●暖爐　●鏡子　●玻璃
●浴缸　●電風扇　●瓦斯爐
●洗劑　●家具與牆壁之間的縫隙
●藥物　●樟腦　●蠟筆　●麥克筆
●火柴　●煤油　●接著劑
●指甲油　●香水　●化妝品
●繪畫顏料　●香菸　●鬆弛的插座
●盆栽土壤　●殺蟲劑
●人類的食物　等等

●對玄鳳鸚鵡有毒的植物

●孤挺花　●杜鵑花　●香豌豆
●黃水仙　●聖誕紅　●牽牛花
●馬蹄蓮　●鳶尾花　●鈴蘭
●黃楊　●柊　●馬纓丹
●夾竹桃　●常綠杜鵑　●東北紅豆杉
●紫藤　●櫻　●番茄　等等

Chapter 3

迎接
玄鳳鸚鵡

飼養前必須考慮的事情

玄鳳鸚鵡被愛鳥人士譽為相對容易飼養的小鳥物種，但是這種特性對每個人來說皆是如此嗎？

試著思考一下和玄鳳鸚鵡共同生活以後，最容易變成問題的幾個地方吧。

不會只有可愛一面的玄鳳鸚鵡

如果忽略了玄鳳鸚鵡在飼養上的難度及個體差異，一味地相信大家說的「穩重」、「親人又乖巧」等正面形象，看到不符預期的落差時，可能會心生後悔想說：「不應該是這樣才對。」

就像有句俗話說「天下無完人」，即便是對新手來說相對好飼養的玄鳳鸚鵡，也和人類一樣有著不同的癖好（個人特色）。

這些癖好正是飼養玄鳳鸚鵡的魅力所在，也可以說是其中一種樂趣吧。

飼養上的注意事項

脂屑很多

從尾羽根部附近的分泌腺尾脂腺產生的脂質類碎屑，以及從名為粉絨羽的羽毛產生的細粉（羽屑），就是鳥類的脂屑來源。這些脂屑具有提高羽毛撥水性及防塵性的效果，也就是類似人類「頭皮屑」的物質。

如果僅飼養一、兩隻鸚鵡，只要勤勞地用抹布擦拭鳥籠附近的地板，不至於影響到人類的生活，倘若還是會介意的話，不妨再搭配一臺空氣清淨機。

話雖如此，脂屑也會受到個體差異影響，有時候就算只養一隻鳥，一天之內累積的脂屑還是有可能讓整個鳥籠底部變得一片雪白。

如果即將與玄鳳鸚鵡共同生活的家人有過敏等呼吸系統疾病，或是家中成員包含新生嬰兒，那就應該審慎考量飼養玄鳳鸚鵡這件事。

不光是玄鳳鸚鵡，虎皮鸚鵡及愛情鳥也會產生脂屑，不過大型鸚鵡及鳳頭鸚鵡類在飼養方面似乎有不少物種的脂屑多到令人頭疼。

通常在玄鳳鸚鵡當中，又以白化、黃化等體色較淡的品種脂屑較多。

叫聲響亮

或許是因為外貌優雅的關係，玄鳳鸚鵡給人一種安靜乖巧的印象，但是牠們絕對不是什麼寡言的鳥。玄鳳鸚鵡的體重是虎皮鸚鵡的2～3倍，所以牠們不過是擁有合乎體型的響亮雄偉嗓門罷了。

不像桃面愛情鳥、牡丹鸚鵡等愛情鳥會發出「嘰嘰」的高亢叫聲，玄鳳鸚鵡的聲音比較接近沉著的「啾咿！啾咿！」，音質宛如口哨聲卻十分響亮。有時候牠們甚至會長時間持續發出嘹亮的叫聲，如果是住在集合住宅等處或許會擔心吵到鄰居。

尤其當牠們在尋求飼主（同伴），拚命持續鳴叫的「呼喚」行為更是一大問題。

無論飼主是因為工作需求接聽電話，還是目不轉睛地在看電視連續劇的經典橋段，只要牠們感知到飼主在附近就會持續進行呼喚。

對在野外過著群居生活的玄鳳鸚鵡來說，呼喚是一種習性，也是和同伴一起生活時用來迴避危險的手段，所以恐怕不可能完全中止這種呼喚行為。

長壽

只要妥善地飼養玄鳳鸚鵡，牠們可以活到20年以上，相當長壽。

與玄鳳鸚鵡長年相伴的生活，飼主有時總會面臨就業、搬家、結婚、生子、生病等生活型態的變化。

甚至於不幸碰上光靠飼主一個人努力或忍耐也無法克服的難題。

話雖如此，小鳥生命的重量並未改變。必須把最壞的情況納入考量，試問自己是否有能力負起責任養到牠們壽終正寢。再來，也要找好危急時刻可以代替自己照顧愛鳥的幫手等等，設想各種「緊急狀況」或許也算是必要環節之一。

需要寬敞的鳥籠

玄鳳鸚鵡在鸚鵡當中歸類於「小型」，不過進入成鳥階段以後尾羽會變長，體長大多會超過30公分，所以至少

龜五郎 20歲

要準備高度50公分以上的大型專用鳥籠。

如果用小型鳥籠進行飼養，玄鳳鸚鵡漂亮的尾羽會因為折斷、分岔而受損，模樣也會變得慘不忍睹。

此外，如果飼養在幾乎無法運動的狹窄鳥籠，也會成為玄鳳鸚鵡的壓力來源，甚至引發啄羽症、自咬症等各種問題行為。

玄鳳鸚鵡在野生環境是會飛越遼闊大地、以高速四處飛翔的小鳥。飼養玄鳳鸚鵡的鳥籠越寬敞越好。

有時候會咬人

雖然玄鳳鸚鵡通常個性乖巧，不過具有攻擊性、就是愛咬人的個體似乎也不在少數。

之所以有這些特性，有時候與供應鳥禽的店家或繁殖業者的照顧方式，或是飼主對待玄鳳鸚鵡的方式有關。再來，提早離開親鳥及同巢手足身邊，經過人工育雛養大的鳥當中，也會有不懂如何溝通，用咬來表達自我主張的個體。

就像人類也有個人特色，事先理解並非所有玄鳳鸚鵡都是「膽小、乖巧又愛撒嬌的孩子」比較好。

膽小導致的難題

玄鳳鸚鵡的其中一個特性是「膽小」、「容易受到驚嚇」。

稍微有一點震動、噪音或光影就會大吃一驚，令玄鳳鸚鵡當場陷入恐慌的情景也不算罕見。

有時候即便是放進籠內的小玩具，玄鳳鸚鵡也會視為來歷不明的可疑物體，因為恐懼而全身僵硬，甚至怕到不敢靠近飼料盆。尤其紅眼～葡萄眼的個體對聲音及震動似乎特別敏感。

玄鳳鸚鵡是小型鸚鵡當中身體偏大、力氣也比較大的物種，所以被某些事物嚇到的反應也很豪邁。

有時候牠們會在籠內暴走，或是用力撞擊金屬網。這些行為嚴重時可能導致腦震盪、心肌梗塞、挫傷、骨折等重大事故。把愛鳥養在寬敞的鳥籠，置於穩定安全的場所為佳。

難以外宿

玄鳳鸚鵡是活生生的生物。小鳥不會把食物貯存在體內，所以飼主一旦斷水斷糧，不用多久就會造成愛鳥死亡。此外，排泄物、身體產生的脂屑、脫落的羽毛、穀物種子的外殼等物不會只落在籠內，也很容易弄髒周邊環境，所以為了玄鳳鸚鵡著想，也為了守護飼主全家人的健康，每天都要打掃飼養環境。

因為每天都要悉心照顧，很難長時間不在家或是外宿。

先審慎思考自己能否多花心思負起責任持續飼養，再把鳥接回家吧。

挑選方法／購買

玄鳳鸚鵡即將成為未來長年相伴的寵物。

用自己的眼睛確認健康狀況，選一隻中意的鳥兒吧。

挑選健康的個體

最好向知識完備的繁殖業者或店家選購成長環境優良的鳥，把身心健全的個體帶回家。

這是未來與玄鳳鸚鵡共築長久幸福生活，至關重要的訣竅之一。

因為照顧體質衰弱或罹患傳染病的個體會比想像中來得辛苦，對身體、精神、經濟都是一大考驗。

不僅如此，如果原本家裡就有養鳥，連那隻鳥都會暴露在傳染病的風險中。

把病鳥帶回家持續照顧，如果因此康復或許也不失為一次寶貴的經驗，可是有時候只會落到愛鳥病死的徒勞下場。

從眾多鳥禽當中選一隻，這種像在挑選生命的過程或許會令人感到不自在。

不過，這也是為了將來的陪伴鳥著想。

如果飼主是個明眼人，懂得向知識完備的業者購入在嚴謹衛生條件下得到妥善照顧的玄鳳鸚鵡，最終也會帶動整個業界的水準提升，還可以減少不幸的鳥受到迫害，也算是美事一樁。

選擇購買的管道

即使同為供應玄鳳鸚鵡的店家，各家業者也是千差萬別、五花八門。

有的寵物店不論天氣是冷是熱，都放任許多鸚鵡擠在店外的鳥籠，擱置的籠內堆滿了排泄物及雜質，管理相當隨便；有的店家將玄鳳鸚鵡養在有空調控溫的整潔環境，細心地照顧牠們的生活起居。

由此可知，即使活體有價差也是理所當然吧。

此外，直接向專門繁殖玄鳳鸚鵡的業者選購也是一種方式，不過仍有令人煩惱的部分——消費者無法像逛店家那樣，輕易地檢視繁殖業者進行繁殖的鸚鵡處於何種飼養環境。

也因此，不妨反思光憑著網站等處的可愛雛鳥寫真，或為了拍攝而刻意整頓乾淨、不符實際狀況的繁殖屋照片來決定選購，是否太過草率。

其中也包括了之前從國外的小鳥繁殖工廠（bird mill）等處進口，把遠渡重洋而來的玄鳳鸚鵡當作用完即丟的量產品對待的店家。

不過另一方面，即使同樣是進口的小鳥，也有一些店家不會立刻上架，而是花時間一隻一隻進行傳染病檢查等作業，培養到健康狀況無可挑剔以後才對外販售。有些店家甚至會直接與國內的專門繁殖業者簽約採購。

如果太執著於選購的玄鳳鸚鵡品種、性別及月齡，可能會深陷「不應該是這樣才對」的迷思。

請謹記新手很難去辨別店家及繁殖業者的優劣，直到遇見理想中的玄鳳鸚鵡為止都不要輕易妥協比較好。

首先用自己的眼睛好好確認

也可以先在網路上搜尋供應玄鳳鸚鵡的店家，不過即使參考了寫在上面的小道消息，還是無法保證所有的正面、負面評價都值得信賴。

畢竟網路上的留言不乏缺少公正性的言論。

如果在附近發現了值得關注的寵物店，不妨積極地親自前往一探究竟。

最好避開店家剛開店、準備關店這類繁忙時段，把握向員工洽詢的機會。

逛過許多店家之後，應該能從中看出一些端倪，最終找到自己中意或給予小鳥妥善飼養環境的店家。

如果打算向繁殖業者選購玄鳳鸚鵡，不妨在愛鳥人士雲集的網路論壇等處打聽評價，試著尋找曾經向該業者購入玄鳳鸚鵡飼養的網友，蒐集各種資訊以後再向滿意的繁殖業者接洽比較好。

帶鳥回家的時期

本來春、秋季就是一年當中有最多雛鳥在市面上流通的季節。如果想從為數眾多的玄鳳鸚鵡當中選出最接近理想的一隻鳥，建議在春或秋季進行選購。

不過，現今空調控溫不如以往那麼困難，玄鳳鸚鵡雛鳥也成了一年四季都可以在市面上看到的寵兒。

雖然有句話叫擇日不如撞日，還是要極力避免在隆冬帶雛鳥回家。

即便從店裡帶回家的時間只有短短數十分鐘，劇烈的溫度變化還是會對雛鳥移動過程帶來很大的風險。

此外，不要隨便在嚴寒期間把羽毛未豐的雛鳥帶出門，就算目的是把接回家的雛鳥帶去做健康檢查，也不能草率為之。

帶去做健康檢查的時候，較為普遍的方法是把拋棄式暖暖包貼在紙盒或外出籠上移動，不過拋棄式暖暖包是藉由周遭的氧來發熱。

因為怕牠們冷而將其放在狹窄的密閉空間，再使用拋棄式暖暖包的話，還很脆弱的雛鳥恐會低溫燙傷或缺氧，相當危險。

夏季期間也是一樣。鳥類本身的體溫相當高。因為怕牠們熱而馬虎地使用保冷劑等物助其身體降溫的話，羽毛未豐的雛鳥可能因此失溫而衰弱，話雖如此，當環境溫度超過33℃又很容易中暑。

再來，也要留意像是寵物店內、室外氣溫、車內溫度等不同場所的溫差容易過大。

考量到種種風險，還是盡量避免在嚴冬或酷暑帶鳥回家比較好。

必須確認健康狀況

日本如今不光是小鳥，在網路上販售活體都受到動物愛護管理法管制約束，因為在運送過程中產生的問題屢見不鮮。一方面也是為了預防憾事，接玄鳳鸚鵡回家的流程切莫假手他人。靠自己雪亮的眼睛確認過健康狀況再決定吧。

＊禽鳥類動物的購買問題，請參照所在地相關法規。

這類店家不合格

* 長期店休、活動期間以外不供應小鳥（期間限定的快閃店）
* 鳥籠內堆滿排泄物、脫落的羽毛等，顯得非常髒亂
* 把體型相異的物種、食性不同的物種放在同一個鳥籠
* 棲架不足以讓所有的鳥停駐，有過度

密集飼養的問題

* 未將受傷的鳥、衰弱的鳥分隔開來，擱置不管
* 販售太年幼的雛鳥
* 雛鳥籠內放著涼掉的哺餵食品
* 雛鳥吃的哺餵食品只有泡熱水的蛋黃粟
* 小鳥的進貨時期及原產來源不明
* 選購時不正面答覆問題及討論
* 有異臭

從成鳥開始飼養

玄鳳鸚鵡雛鳥在飼養上需要細心照料，不過已經邁入成鳥階段的話，飼養難度會大幅下降。

來探討飼養不用餵奶（或是即將斷奶）的玄鳳鸚鵡有哪些訣竅及優缺點吧。

成鳥的優點

倘若沒有堅持一定要從哺餵開始飼養玄鳳鸚鵡，也可以刻意選購已經是成鳥的鳥。

玄鳳鸚鵡的雛鳥難以應付環境變化，對於至今為止所處的地方、照顧者的變動也很敏感，奶水的濃度或溫度改變就拒食的情況也不少。

就這點來看，成鳥已經度過了堪稱飼養難關的部分，從喝奶轉為能夠自主進食，所以不用像照顧雛鳥那樣神經兮兮地控管溫度及飼料。

斷奶的玄鳳鸚鵡可以自主進食，也進入了健康狀況穩定的時期，所以獨自看家也沒問題。

再來，如果是經歷過初次換羽的鳥，其品種及性別也會逐漸明朗，所以還能挑選花色及性別符合期望的個體。

獲得上手鳥

近年來，寵物店打著「互動鳥」這類名號，在店門口展示上手鳥的光景也時有所見了。

也就是把雛鳥引進寵物店培育成上手鳥，再對外販售的案例。

雖然定價上大多會比不是上手鳥的成鳥還要貴，不過畢竟是專業飼養員花時間費心養育的鳥，有價差也算是合理。

不過，即使同為「上手鳥」也各有所長，有些鳥親人到可以學會模仿，有些鳥只是剪過羽逃不走才停在手上，有時候還有從雛鳥哺餵養大卻忘記如何上手的案例。

喝過一次奶的中雛最好

雛鳥的年紀越小越容易訓練上手，的確也比較親人，但是這也代表在飼養方面的風險較高。

如果飼主平常得配合工作、上學等生活型態，無法在白天親自餵奶，選購以上手鳥為目標培育的中雛或亞成鳥也不錯。

在這種情況下，直到出生後1～2個月大即將離巢以前，雛鳥是在何種環境、以什麼方式培養，會大幅影響牠們如何順應人類。

在親鳥身邊長大到自然離巢的鳥要訓練到上手，可以說需要極高的耐心。

另一方面，出生後2～3週脫離親鳥轉由店家哺育的個體，多在出生後1個月左右就能學會上手，所以從中挑選非常親人的個體即可。

鳥不親人的時候

即使養出一隻完全不親人的鳥，有時候還是能透過傾注愛意來訓練上手。

如果是伸手靠近鳥籠就害怕到拍動翅膀、四處逃竄的鳥，不要抱著太高的期待比較好。

如果是未有這種表現、由人親手養大的鳥，面對人類不會心懷恐懼，所以還是有望在共同生活的過程中再次變得能上手。

就算目的是觀賞用或繁殖用而不在意鳥親不親人，考慮到未來可能碰到需要看病、餵藥等緊急時刻，就會覺得還是某種程度不會畏懼人手，好奇心旺盛且積極找人玩耍的玄鳳鸚鵡比較好。如果家裡既有的鳥可以上手，有時候也會連帶降低不親人鳥對人類的戒心，甚至變得能夠上手。

玄鳳鸚鵡的壽命很長，耐著性子和牠們培養感情吧。

養鳥可能面臨的障礙

以長遠的眼光來看，既然要養玄鳳鸚鵡，還是獲得健康狀況無可挑剔的亞成鳥或雛鳥比較理想。

然而，即使內心有所期望，仍有可能基於某些緣由選到不算健全的鳥，試想一下這類情況吧。

舉例來說像是這種狀況

- 雖然下訂完成，但是那隻鳥在購買之前生病了。
- 運送過程的壓力使鳥在送達之際筋疲力盡。
- 在寵物店看上了沒什麼精神的雛鳥。
- 繁殖業者、親友、轉讓寵物的論壇等懇求認養。

諸如此類……

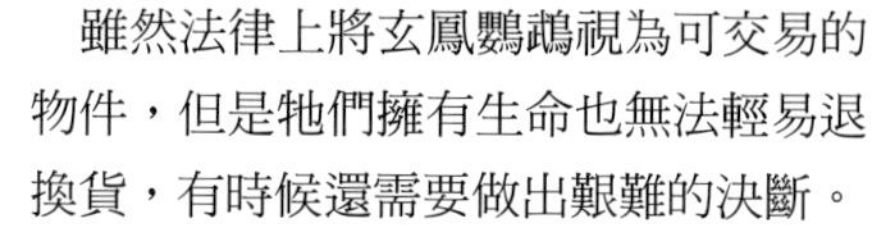

雖然法律上將玄鳳鸚鵡視為可交易的物件，但是牠們擁有生命也無法輕易退換貨，有時候還需要做出艱難的決斷。

面臨這種情況的時候，首先要冷靜地掌握好現況。

＊是否有時間處理（看病等）
＊經濟方面能否負擔（醫療費等）
＊能否改變生活型態（能否進行餵藥、灌食等）
＊正式飼養（或無法飼養）的心境變化

就像日久生情，照顧也會使人精神倦怠。此外，還要預想看病、餵藥需要投入的時間與心力等，對體力、經濟方面帶來的負擔更是超乎想像地重。而且，實際上有時也會碰到用盡一切方法還是救不回來的狀況。

不會危及性命的狀況

爪傷

爪傷是指腳爪有缺損的狀態。原因有很多種，像是腳爪被毛巾等物鉤住而脫落、遭到其他鳥禽咬傷而缺損、壞菌入侵傷口造成壞死的案例等等。除此之外，也有遺傳導致先天缺陷的狀況。

爪傷較多的公鳥不利交配，通常會出現無受精卵增加、繁殖成功率下降的問題，不過純粹作為上手鳥陪伴倒是沒什麼影響。

嘴喙異常

嘴喙有缺損、歪斜、過長的案例。一般認為可能的原因有：使用餵食針筒喝奶導致發育不全、哺餵食品含有的蛋白質等營養素不足、開口不全症候群（CLJS）、鸚鵡喙羽症（PBFD）等等。

蠟膜受傷

蠟膜（位於鼻孔周遭的柔軟皮膜）損傷或破洞的案例。似乎也有因為宣示地盤、主張地位而被其他鳥禽弄傷的情況。如果附近有結痂，可能是得了疥癬。

羽毛異常

如果是鳥籠太狹窄導致尾羽脫落，就要整頓環境讓羽毛長回來。如果在雛鳥階段只吃蛋黃粟這類營養價值較低的飼料，也會造成日後羽毛脫落的情況加劇。有時候羽毛脫落、缺損的原因是罹患鸚鵡喙羽症這類傳染病，嚴重時恐會危及性命。

冠羽周遭脫毛（禿毛）

玄鳳鸚鵡的冠羽下沒有羽毛的情況。尤其常見於黃化、白化品系這類身體呈現白色至黃色系的鳥。有時候邁入成鳥階段還是長不出來，不過似乎對健康沒有影響。有時會遺傳給雛鳥。

腳弱（腳開開）

發生在雛鳥或剛轉換成自主進食的亞成鳥身上的營養障礙。如果是營養方面的腳弱，只要攝取適當的營養大多可以康復，但是腳弱病本身亦屬於營養失調嚴重時會出現的症狀，所以也不能排除一生都無法痊癒或是突然死亡的風險。

其他

即使外觀上看不出問題，有時候仍會碰到業者為了追求品種不惜近親繁殖，最終導致鳥禽短命或不孕的案例。

也可以視作長處或特色

據說有這些特徵的鳥通常比較依賴飼主，喜歡親近人類。先認清自己想從相伴的愛鳥身上尋求什麼，再決定要不要把鳥接回家吧。

起頭是關鍵

為了和玄鳳鸚鵡構築良好的互動關係，接鳥回家的1～2週是非常關鍵的時期。先讓玄鳳鸚鵡產生良好的第一印象再開始飼養，能促進後續培養關係的過程更加順遂。

初來乍到心中不安

心心念念的玄鳳鸚鵡步入家門的日子終於到來——

想必有不少人急著和今後正式成為家庭一員的玄鳳鸚鵡玩耍，不過還是克制一下迫不及待的心情比較好。

雖然玄鳳鸚鵡像玩偶一樣蓬鬆可愛，不過當牠們感到緊張，那小小的心臟見到生人也會害羞。

即使從店家抵達新居的過程平安順利，一開始還是先遠觀牠們的模樣就好。

這是因為在玄鳳鸚鵡習慣周遭環境以前，如果老是有陌生場所、陌生人圍繞在側，說不定會迫於焦慮而瀕臨崩潰。

至於飼料的部分，要採用和寵物店或繁殖業者相同的食物及溫度，並且在同個時段進行餵食。可以的話，最好連哺餵匙都使用相同形狀的工具比較放心。

一開始愛鳥或許會警戒周遭而不肯取食，飼主最好待在稍遠的地方確認牠們有沒有開始吃飯。

避免養出怕人鳥、咬人鳥

如果想要和玄鳳鸚鵡維持長久的情誼，切勿強行觸摸、到處追趕牠們。

為了從被陌生人追趕的恐懼中脫身，可能會養成牠們及早逃離人類，甚至於發動攻擊的習慣。

玄鳳鸚鵡一旦將飼主視為「應該逃離的對象」或「應該攻擊的對象」，之後就得多花時間修復彼此的關係。

在早期博得愛鳥的信任感，圓滑地進行溝通比較好。

博取玄鳳鸚鵡的好感

最重要的事情莫過於讓玄鳳鸚鵡喜歡上飼主。

能讓愛鳥萌生想多了解、多親近飼主的念頭，就是邁向成功的一大步。

也因此，就跟談戀愛一樣，單方面地傾注愛意、糾纏不清只會造成反效果。

順其自然地誘使玄鳳鸚鵡主動親近自己吧。

注重隔著鳥籠說話、餵點心這些親密行為，漸漸地玄鳳鸚鵡就會期待飼主的來訪。

展示環境安全無虞

剛到家的頭幾天，要讓牠們待在籠內生活。

首先，要讓玄鳳鸚鵡意識到自己所處的環境相當安全，一點也不恐怖。

尤其當對象還是雛鳥時，喝奶睡覺就是牠們的工作。隨意碰觸恐會造成壓力或妨礙睡眠，亦可能導致體力下降。

不妨在一點一滴的日常照顧中，時不時地對著愛鳥輕聲說話，久而久之就能卸除牠們的恐懼，敞開心胸接納新事物。

到了這個階段，愛鳥也會自然而然地對籠外的世界產生興趣，距離想踏出籠外一起玩耍的日子也不遠了。

先從訓練玄鳳鸚鵡主動取食手中點心開始做起，之後再慢慢縮短彼此之間的距離吧。

打造一個對玄鳳鸚鵡來說其他地方無可比擬、值得信賴的安全基地吧。

PERFECT PET OWNER'S GUIDES

Chapter 4

玄鳳鸚鵡的 理想住宅

飼養用品／玩具

作為陪伴鳥與飼主一起生活的玄鳳鸚鵡，一天當中大半時間都是在狹窄的鳥籠中度過。

為了讓愛鳥在籠內儘可能地過得安穩舒適，請選購適合玄鳳鸚鵡的飼養用品。

飼養用品的購買管道

鳥類專賣店、寵物店等

如果想要一次買齊玄鳳鸚鵡用的飼養用品，不妨前往鳥類專賣店、大型寵物店等處，向熟知玄鳳鸚鵡相關知識的專業員工請教，從品項多樣的產品當中慢慢選購。

在實際供應玄鳳鸚鵡的店家進行選購，想必亦有助於掌握玄鳳鸚鵡適用的產品尺寸。

這種時候有一點要特別留意，也就是鳥籠的尺寸選擇。寵物店實際所用的展示用小鳥鳥籠頂多用來對外展示，考慮到玄鳳鸚鵡的生活品質（QOL），基本上這類產品都太小了。

當目的並非展示用，請選購作為玄鳳鸚鵡生活場所不會過於狹窄的產品。

可以利用店前的鳥籠模擬設置飼養用品的感覺，先確認尺寸感、用起來順不順手再進行選購，如此便能避免買回家才後悔之類的狀況。

臨時要用可以當場買回家，這也是在寵物店採買飼養用品的好處之一。

網路商店

透過網路線上購買飼養用品的時候，

不要糾結於顏色、花色，應該要好好確認產品的大小是否方便玄鳳鸚鵡使用。此時，不妨仔細檢視產品大小、產品說明、來自其他消費者的評價。

瀏覽網路商店的時候，數量多得驚人的品項經常讓人目不暇給。其中，也有不少國外產品這類稀有的物件，照片也拍得很漂亮，看著看著反而會不知所措，冒出想選購奇葩產品的念頭，這種狀況也要小心。

因為實際上不同於商品照給人的印象，尤其並非出自專門廠商而做工粗糙，稱之為劣質品也不為過的產品也混在其中。

使用者是玄鳳鸚鵡，所以要避開徒有好看設計、用起來可能有危險的產品。

正因為無法親手確認產品狀況，更要從頭到尾檢視該物件的材質、大小等產品資訊，選購安全無虞的產品。

此外，由於網路販售從接到商品訂單到出貨送達需要幾天時間，如果意識到將來有使用需求，提前下訂比較好。

優良飼養用品的基本要件

因為是每天使用的物件，不能只在乎顏色及設計，用起來順手比什麼都重要。請挑選對玄鳳鸚鵡來說能安心使用的產品，在保養方面容易清潔、耐久度較高的產品。

某些標榜小鳥用的飼料盆、水盆、外出籠等飼養用品，對玄鳳鸚鵡來說可能會太小。

檢視重點

□容易從鳥籠上取下

勿用難以裝拆的產品

□能夠洗淨每個角落

如果有小縫隙等清潔刷具清不到的死角，會產生衛生方面的問題

□安全性較高

設想除了原本的用途，玄鳳鸚鵡還會以何種方式使用

□做工精實

外觀華麗、廉價材質的產品容易損壞，可能導致愛鳥受傷

□不會掉色

勿用遇水會掉色、以清潔刷具刷洗塗裝會剝落的產品，可能導致愛鳥誤食

□尺寸不合

與其選購小型鸚鵡用，不如選購專為中型鸚鵡及鳳頭鸚鵡設計的堅固較大產品

接下來要介紹飼養玄鳳鸚鵡不可或缺的基本飼養用品。

想讓愛鳥過得舒坦一些的話，準備的鳥籠越寬敞越好，用心為玄鳳鸚鵡安排能夠自由活動的空間配置吧。

鳥籠

雖然玄鳳鸚鵡屬於小型鸚鵡，不過牠們經常待在狹窄的籠中，所以盡量準備寬敞的空間比較好。鳥籠或許會過於狹窄，但是不存在過於寬敞的問題。

請選購長度（橫幅）、寬度（深度）至少45公分以上，高度超過50公分的產品。玄鳳鸚鵡的體長約莫30公分，高度不足的鳥籠可能導致其尾羽折損。長度以放入整套飼養用品（包含保溫器等）之後，愛鳥仍可以展開雙翼拍動翅膀的狀態最為理想。

檢視整套飼養用品

在籠內放有整套飼養用品的狀態下，檢視鳥籠大小是否足以供玄鳳鸚鵡自由活動、拍動翅膀吧。

成鳥的體型會比雛鳥大上一圈，考慮到將來成長而想一次買到位的話，請選購對雛鳥來說稍微過大的產品。形似巢箱的過小鳥籠也是導致過度發情的原因之一。

形狀以方形為主

能有效活用空間、造型簡單的正方形或長方形鳥籠是首選。如果要挑選其他形狀（拱形、房形等），不妨選用比方形鳥籠大上一圈的產品。有多餘空間安置的話，推薦選用長度大於寬度的巨型產品。

也要留意網格的間距

關於鳥籠金屬網的部分，華麗程度只是次要條件，網徑粗一些更令人放心。

話雖如此，適用大型鸚鵡及鳳頭鸚鵡的粗網徑產品網格間距太寬，恐會造成愛鳥的頭部或翅膀卡在空隙，還是小型～中型鸚鵡用的產品比較安全。

金屬網網格呈水平排列的橫網鳥籠，架構上似乎有利於鸚鵡充當立足點，方便牠們四處移動。

玄鳳鸚鵡有其膽小的一面，如果出口小到必須低著頭才能通過，有時候會導致牠們不想出來，所以選用出口也很寬敞的產品為佳。

如果想訓練上手，不妨選用上手專用鳥籠而非滑動式籠門，可以往前或往橫向大幅敞開的籠門也方便愛鳥進出。

選用塗裝不會剝落的產品

玄鳳鸚鵡會使用嘴喙玩耍，剝落的塗料、電鍍膜可能有毒，令人擔憂。考量到玄鳳鸚鵡的健康，鳥籠也要經過審慎挑選才行。其中，基於安全考量而採用三價鉻電鍍的鳥籠亦有在市面上流通。

耐水洗、抗長年劣化的不鏽鋼鳥籠最為理想，不過會比電鍍加工產品更重。

也要檢視底網的造型

底網包括了每次要更換其中墊紙時可以整個取出的款式，以及必須經過拆解才能取出，平常只能更換墊紙的款式。

不論何種款式都有優缺點，選購符合生活型態的款式為佳。

選用堅固耐用的產品

玄鳳鸚鵡很長壽，能活超過20年的個體也不算罕見。由於鳥籠的塑膠零件劣化，導致愛鳥以意料之外的形式脫逃的案例也時有所聞，所以最好選用專門廠商的鳥籠以確保產品堅固耐用，往後也可以針對特定劣化零件進行更換。

棲架

對玄鳳鸚鵡來說，棲架不只是用來休息的物件。棲架同時也是睡覺的地方、吃飼料的地方，如果有配偶的話更是進行交配的重要場所。

能找到對愛鳥來說無比舒適的棲架是再好不過了。

至少要有兩根棲架

籠內的棲架至少要準備兩根。如果只有一根棲架，愛鳥僅能往左右移動。上下運動、跳躍等活動也很重要，所以務必要設置兩根有高低落差的棲架。

棲架的粗度

腳趾抓握的範圍占木徑2/3左右的產品最好，粗度以20公釐為基準。太粗或太細的產品都缺乏穩定感。

不適合作爲棲架的材質

天然木頭製棲架粗細不均，還有適度的凹凸紋路，有助於玄鳳鸚鵡的腳趾保持健康，還有預防腳爪過度伸展及趾瘤症的功效。

塑膠製棲架太硬，會對鸚鵡的腳造成負擔；金屬製棲架太光滑而缺乏穩定感，冬季會吸走愛鳥的體溫，夏季恐會因為曝晒在陽光下吸熱導致燙傷，木製

棲架才是基本配備。磨爪棲架（沙棍）也很容易弄傷鳥的腳，不應該將其作為日常使用的棲架。

飼料盆、水盆

先設想玄鳳鸚鵡方便取食的高度及深度，才能決定尺寸。較淺的容器雖然方便取食，但是裝飼料或裝水的容量很有限，不適合用在飼主外出這類需要長時間使用的狀況。請用在像是飼主在家時，有人能隨時確認盆內的場合。

清潔方便性及耐用度也是一大重點。為了常保整潔，建議選用方便洗淨每個角落、沒什麼凹凸起伏的簡單造型。

如果是使用罩形的防潑灑飼料盆，建議選用開口較寬，玄鳳鸚鵡這種體型的鳥也方便取食、又能安全使用的產品。

此外，有些靈巧的玄鳳鸚鵡能用嘴喙的力量舉起飼料盆使其鬆脫，潑灑盛裝在內的食物，所以最好選用能牢牢固定在鳥籠上的款式。

外掛式水盆不易被雜質及糞便汙染而相對衛生，可是仍要注意有無愛鳥把嘴喙浸在容器中使水溢出，或是用蠻力弄歪水盆等情形。

副食盆

如果是以穀物種子為主食，可以將鈣粉、鹽土、礦物塊等副食與主食分開放置，放在小容器中給予。

溫度計、濕度計

飼養小鳥必須進行溫度控管。有些產品還能記錄一天當中的最低、最高溫度。請選用能直接安裝在鳥籠上的產品，如果是電子溫濕度計，最好採用防水性高的產品。

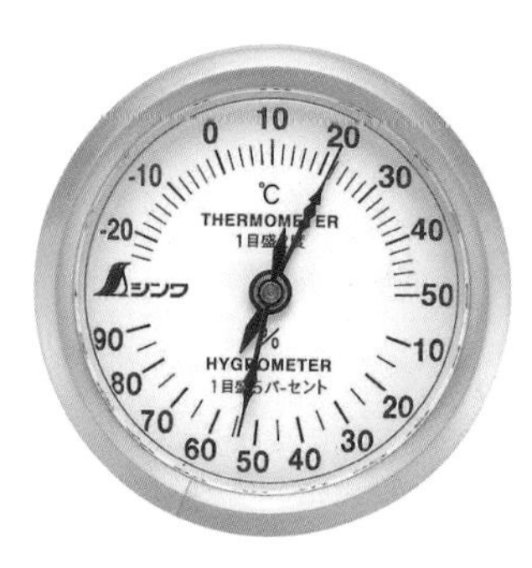

鳥籠罩布

用途是入夜以後為鳥籠營造陰暗靜謐的環境。除了專用的遮光鳥籠罩布，還可以用遮光性較高的窗簾布、較厚的毛毯來代替。

透明塑膠製罩布在寒冷時期有助於保溫、防止羽毛及脂屑飛散，雖然使用上很方便但是有臭味。

無論選用何種罩布，如果蓋上去就丟著不管，都可能導致籠內通風不良、不衛生，容易形成悶熱環境。封閉的環境會成為玄鳳鸚鵡的壓力來源，所以非必要時最好將其卸下。

外出籠

看病、外出時的必要工具。比如打掃這種時刻，需要暫時把愛鳥從籠中移往他處安置，或是生病需要照顧時都可以派上用場。

想暫時隔絕叫聲時，出動壓克力外出籠很方便。倘若玄鳳鸚鵡缺少立足點也會感到不安，所以最好選用能設置一根棲架的款式。

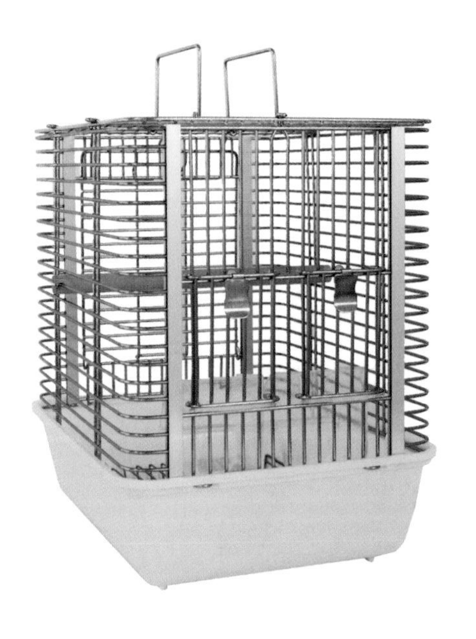

保溫籠

能放入小型鳥籠的壓克力籠對保溫很有幫助。

也能用於防止脫落的羽毛、排泄物飛濺，或是壓低叫聲的音量。

保溫器

即使養在室內，保溫器仍是必備用品。尤其當愛鳥生病或幫雛鳥保溫時，更需要專用的寵物保溫器輔助。

保溫燈的保溫功能十足，但是表面溫度很高，需留意有無燙傷情形。

冬季期間，不妨同時啟動寵物用平板電暖器與房間空調來保持籠內溫度。光靠寵物用平板電暖器很難提高籠內溫度，所以寒冷時期最好同步打開空調。

遠紅外線電暖器只有照到紅外線的地方會變暖和，無助於提高飼養環境的溫度。

不論何種保溫器具都會有優缺點，依照環境及目的區分用途比較好。不妨同步使用既能維持定溫又能省電的溫度控制器。

溫度控制器

電子秤

只要在餐廚用品電子秤上面放置站架等物，就可以幫愛鳥量體重。需要測量飼料或藥量的時候也會派上用場。

指甲剪

玄鳳鸚鵡的指甲也會變長，可以準備一支人類用的小型指甲剪。

鳥用澡盆

市售的鳥用澡盆對玄鳳鸚鵡來說幾乎都太小了。

可以拿平穩的陶製或玻璃製碗具，或是用臉盆等物盛裝淺水充當鳥用澡盆，也可以用噴霧器對著愛鳥輕輕噴水。

或許是過去生活在乾燥大地的天性所致，不愛洗澡的玄鳳鸚鵡也不在少數，所以切勿強迫牠們沐浴。

巢箱

如果不打算繁殖，可以不用準備巢箱。玄鳳鸚鵡沒有縮在狹窄巢穴睡覺的習慣。

無繁殖計畫的時候務必要移除巢箱。準備繁殖的時候，請選用內部設有防止鳥蛋滾落的產座凹槽設計，適合中型鸚鵡使用的偏大巣箱。

巢材

如果提供棕櫚纖維、稻草等柔軟又有保溫效果的巢材，愛鳥會用嘴喙拆解鋪成產座。

玩具

雖然野生的玄鳳鸚鵡不需要玩具，但是對作為陪伴鳥而活的玄鳳鸚鵡來說，玩具是在狹窄空間內也能刺激五感、引發好奇心，又能促進頭腦發達的工具。

身邊有玩具的話，原本一隻鳥獨處的無趣時間也可以過得很快樂。此外，玩具還能作為飼主與鳥的溝通手段。

準備多種玩具

一直玩同一種玩具，玄鳳鸚鵡也會膩。

不妨多準備幾種，每天、每週輪流替換，即可常保遊玩的新鮮樂趣。

籠內的玩具以單個為主

切莫在籠內到處放玩具，布置得像遊樂園一樣。因為對玄鳳鸚鵡來說鳥籠屬於生活場所，既不是遊樂園也不是健身房。

再來，玩具四散的空間可能導致玄鳳鸚鵡發生意外或受傷，除非鳥籠相當寬敞，否則基本上放一個玩具就夠了。玩具太多的話，也有過多刺激造成過度發情的風險。

耐用的玩具

壓克力製鳥用玩具等不僅外觀繽紛多彩，還有禁得起啃咬的耐用度。

玄鳳鸚鵡具有識別色彩的能力，所以不妨挑選愛鳥喜歡的顏色及造型。

消耗型玩具

也準備一些像是牧草、木片、粟穗、皮革等，咬壞才是樂趣所在的玩具吧。

天然素材製玩具能提供咬壞東西的樂趣，有助於玄鳳鸚鵡紓解壓力。

鞦韆、爬梯類

鞦韆或爬梯不僅能發揮玩具的功能，也是幫助生活在籠內的玄鳳鸚鵡稍微轉換心情的好地方，因而廣受歡迎。

尤其那搖搖晃晃的不穩定感更是棲架沒有的特色之一，似乎能讓牠們享受近似樹枝的感覺。

如果籠內沒有多餘的空間，不妨設置在客廳等處，當鳥出外放風時站在上面也會感到開心。

附鈴鐺的玩具

雖然玄鳳鸚鵡也喜歡有聲音的玩具，但是咬過頭的話仍有鉛中毒的風險，還是拆除鈴鐺比較保險。不妨選用鈴鐺繫在嘴喙無法觸及之處的產品等。

附鏡子的玩具

鏡子不但能映出自己的身影，材質也很堅硬，有些個體甚至會將其認作求偶對象而沉迷。用來打發時間是再適合不過的有趣玩具，不過要是看到愛鳥太過投入而過度發情的狀況，就要適時移除了。

推滾型玩具

會滾動的玩具除了球狀產品，還有裝了車輪的動物、車子造型的款式等。

有很多玄鳳鸚鵡喜歡把東西推落到地板的感覺，所以把這類玩具放到桌上等處的話，牠們會興沖沖地跑去推。

鳥用站架（站臺）

準備一座可以放上電子秤的小型鳥用站架，需要測量體重的時候也很方便。

鳥用遊樂場

鳥用遊樂場能作為愛鳥在放風期間稍作休息的場所，相當方便。

有些款式能設置飼料盆及水盆，有些款式吊著玩具等等，設計五花八門。

移除不玩的玩具

閒置不玩的玩具只會變成累贅，及早移除為佳。

尤其當玄鳳鸚鵡對新玩具感到恐懼時，那可能會變成累積壓力的來源，進而開始出現不吃飼料、啄羽等行為，所以當牠們看起來很害怕就要馬上收起來。

此外，玄鳳鸚鵡沒有鑽進樹洞等處睡覺的習性，所以即使準備了鳥用帳篷，牠們也多會出於警戒不願進去的樣子。

損壞就要修理或丟棄

對小鳥來說，沒有比扣件損壞或綁繩鬆脫的玩具更危險的東西了。

可能導致牠們在遊玩過程中被纏住，甚至於發生重大意外。

還能修理的物件就修理，看起來很難復原的話，趕快丟棄比較好。

玄鳳鸚鵡喜歡的事物、討厭的事物

就像我們人類擁有各自的喜好，玄鳳鸚鵡也有牠們喜歡和討厭的事物。

● 討厭的顏色

不光是玄鳳鸚鵡，鳥幾乎都不喜歡看起來像影子的偏黑色彩。可能是因為視覺上容易聯想到天敵猛禽類的色調，或者是牠們從上方來襲時產生的影子。如果想和愛鳥建立良好關係，盡量不要在牠們面前穿偏黑的衣服比較好。

此外，鮮紅或鮮藍色、黑色搭配黃色形成雙色調等象徵警戒色，屬於明顯異於周遭自然環境的配色，就像毒蛇、毒蝶、毒蜂等的體色也大多如此，這種配色可能也會讓鳥有所警戒。

● 討厭的圖案

某天一如往常地打算讓玄鳳鸚鵡出外放風。

平常一打開鳥籠就會立刻飛向自己，但是唯獨在那一天，沒有一隻鸚鵡願意靠過來……

正當自己納悶為什麼會這樣而覺得很神奇時，這才想到當天所穿的衣服上有蝴蝶圖案。似乎是蝴蝶翅膀上的圓形圖案讓牠們聯想到眼珠了。

看起來明顯睜大的眼睛圖案，可能會讓愛鳥聯想到貓咪、遊隼的眼睛。

● 討厭的事物

關於玄鳳鸚鵡討厭的事物，似乎也存在所謂的個體差異，在極罕見的情況下，五彩繽紛的棉繩（用於代替棲架的物件）、較粗的項鍊或手鍊、皮帶類配件也會令牠們心生恐懼。

打算放入鳥籠的鳥用玩具，莫用會聯想到蛇的長條物件、有條紋圖案的物件

比較好。

附有毛皮的毛衣或大衣有時也會令牠們警戒。

● 喜歡的顏色、角色

雖然有個體差異，不過似乎有許多玄鳳鸚鵡都喜歡黃色、橘色這類暖色系。

偏黃的角色好像比冷色系的角色更討牠們歡心，看見愛鳥追在這些模型身後的模樣總是讓人會心一笑。

除此之外，或許是因為顏色接近剛萌芽的新綠吧，玄鳳鸚鵡也喜歡亮綠色及黃綠色，有時會看見牠們撥弄綠色裝菜瓶或玩具的身影。

● 喜歡的觸感

玄鳳鸚鵡也經常使用嘴喙互相交流，所以牠們喜歡像嘴喙那樣又硬又小的物體。

最具代表性的當屬人類的指甲。除此之外，愛鳥可能也會喜歡原子筆的防滑橡膠、鞦韆端部等，有時會看見牠們以嘴喙不停撥弄的模樣。

還有像是衣服的鈕扣（貝殼、塑膠製配件）、電視遙控器按鍵、電腦的鍵盤等，也是牠們熱愛撥弄的物品。

再來，也有一些玄鳳鸚鵡喜歡青菜（青江菜、小松菜等）莖條的爽脆口感，不過這種偏好有個體差異，所以最好連同葉片一起給予，不要只給莖條。

● 喜歡的事物

說到身為陪伴鳥的玄鳳鸚鵡喜歡什麼事物，應該莫過於和牠們最愛的飼主一起玩耍、聽飼主對自己說話吧。如果經常對著鸚鵡說話，會使牠們想要有所回應而認真傾聽飼主的聲音，甚至於在閒暇之餘默默地複習。即使同時飼養多隻鳥，牠們也會先記得自己的名字，而沒什麼興趣對其他鳥說話也可以視作更期待與飼主交流的表現吧。

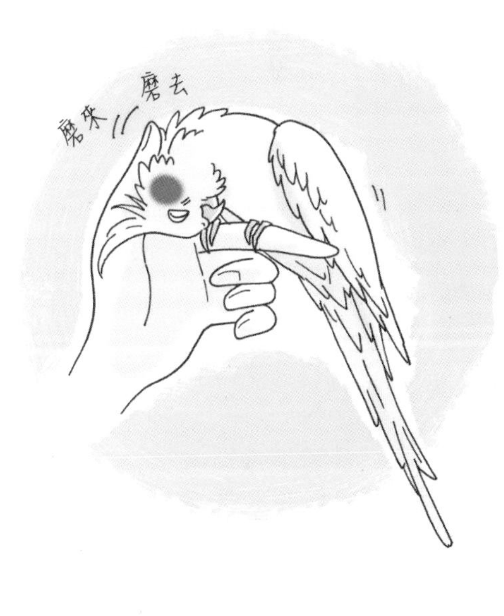

Chapter 5

玄鳳鸚鵡的 理想食物

應該餵什麼、如何餵食

規劃玄鳳鸚鵡食物的過程中，研究「應該餵什麼、如何餵食」非常重要。

或許就像人類一樣，當餵食玄鳳鸚鵡變成每天的例行公事，反而不太會引人深思應該準備什麼樣的菜單。不過，營養失調的飲食生活往往是導致肥胖或各種疾病的根源。

應該餵愛鳥「吃什麼」，又該「如何餵食」？將這兩件事時時謹記在心並思考適合愛鳥的食物，藉此改善玄鳳鸚鵡的飲食生活，以培養不會生病的健壯身體為目標吧。

配合鳥的食性給予多樣化菜單是理所當然，還要根據愛鳥的生命階段、健康狀況、年齡，乃至於愛鳥的喜好、飼主的生活型態，從好幾個選項中選出當下最完善的飼料。

首先決定好主食，再來研究需要哪些副食吧。

滋養丸（人工飼料）

滋養丸是專為陪伴鳥打造的全方位營養食品，兼顧了所有的必須營養素。類似犬貓所吃的狗糧、貓糧，以滋養丸作為主食的話，基本上不需要補充副食。

如果很難持續購入新鮮的蔬菜，抑或是家裡不方便保存青菜，餵食滋養丸會很方便。

除此之外，如果玄鳳鸚鵡本身有挑食傾向，即使面對青菜或穀物種子也只會挑同一種食材吃，或是飼主沒有把握提供營養均衡的副食，都很推薦讓愛鳥改吃滋養丸。

購買滋養丸的時候，請確認「適用鳥種」、「內含營養素」、「有效日期」。

雖說是全方位營養食品，倘若餵給食性不合的鳥吃、使用了超過有效日期的滋養丸，那就本末倒置了。

不同廠牌及產品所含的營養素、顆粒大小、硬度也有所差異，不妨先取得好幾種試吃品，較能掌握適合愛鳥的產品。開封以後請置於冰箱冷藏保存。

●滋養丸的優點

- 不需要副食
- 方便備糧
- 容易管理品質
- 容易達到營養均衡

●滋養丸的缺點

- 需要花時間適應
- 飲食生活容易變得單調
- 單價比穀物種子高
- 供應商家少

避免重複攝取營養

滋養丸屬於全方位營養食品，所以倘若額外給予保健食品等，恐會由於營養過剩引發健康問題。

改吃滋養丸

如果是吃穀物種子長大的玄鳳鸚鵡，有時候沒辦法順利地改吃滋養丸。

鳥類為了飛翔，無法將食物貯藏在體內。過度絕食是可能致死的危險行為。要有打長期戰的心理準備，切勿強迫牠們習慣。

不妨多嘗試幾種產品

不同個體對於顆粒大小、香味、形狀、顏色、硬度等的要求不一，綜合來看喜好不盡相同。有些鳥只願意吃顆粒較小的產品，相對地，也有一些鳥喜歡能用腳趾抓起來喀喀喀啃的尺寸。

可以改變形狀

可以用研磨缽等工具搗碎，撒一些穀物種子及點心，使其容易入口。

磨成粉狀的滋養丸容易受潮，最好及早使用完畢。除此之外，還可以嘗試加水泡軟。

根據時段更換飼料

不妨試試在白天以滋養丸為主，等到傍晚入夜以後換餵穀物種子，同時發揮親密接觸與補充營養的效果。

加一些果汁

有時候加一點點果汁增添香氣，有助於促進食欲。

穀物種子（綜合穀物飼料）

說到不限於寵物店，也可以在超市、五金雜貨店等處購得，又是對玄鳳鸚鵡來說適口性很高的主食，當屬穀物種子（綜合穀物飼料）了。

從混裝的多種穀物當中，隨心情選擇愛吃的種子一粒一粒地剝開食用，對玄鳳鸚鵡來說是快樂的事情。

此外，對生活在籠內的鳥來說，「剝殼進食」這種日常作業也有打發時間、紓解壓力的效果。穀物種子作為小鳥飼料的歷史也很悠久，可以說是最接近自然的飼料。

穀物種子的配方

請選用以多種種子均衡混合而成的產品。

屬於小型鸚鵡的種食性陪伴鳥一般食用的穀物種子配方，通常比例為稗5、粟2、黍2、加拿麗虉草1。

這種搭配會形成蛋白質10％、脂質4%的優質均衡比例。

不妨以這種配方為基礎，視季節稍微變換菜單，或每天輪流餵食燕麥、蕎麥粒、粟穗等物當點心，為每天的飲食增添變化。

每逢換羽期、成長期以及繁殖期間，愛鳥會需要是平常好幾倍的蛋白質及鈣質，所以積極地增加含有大量上述營養素的副食為佳。

再來，每種種子的特色及內含營養素也各不相同。儘可能地誘使愛鳥吃光所有的種子，慎重地補充飼料比較好。

選用未添加多餘食物的產品

果乾、葵花籽、麻籽、紅花籽、荏胡麻籽等不但會造成肥胖，還具有過高的適口性，有時候會導致愛鳥不想吃重要的主食及副食。

這些食物頂多只能作為點心，以極低的頻率餵食。

麻籽在日本法律規範下需經過遏止發芽的藥品處理。除臭成分等對小鳥來說也不必要。

選用帶殼的產品

作為主食的穀物種子，務必要選用帶殼的綜合穀物飼料。

雖然市面上也有販售剝好殼的「去殼飼料」，但是這種飼料唯一的好處只有不必清理外殼，無法期待營養價值。除非鳥本身有無法剝殼的狀況才需要使用去殼穀物種子，否則一般不適合作為玄鳳鸚鵡的主食。

檢查品質

- 顆粒大小均等的產品
- 顆粒大多飽滿有光澤的產品
- 不含碎屑及雜質的產品
- 以無農藥或低農藥栽培而成的產品
- 開封時沒有蟲、沒有霉味的產品
- 未添加原料不明之多餘食材的產品

穀物種子的優點

- 適口性佳
- 容易購得
- 單價比滋養丸低

穀物種子的缺點

- 必須搭配副食
- 很難打造營養均衡的飲食
- 容易挑食
- 種子外殼會噴濺
- 外殼本身有重量，難以拿捏食用分量

穀物種子的限制

種子內含優質蛋白質，不過幾乎沒有什麼維生素及礦物質。

也因此，這些光吃穀物種子無法補足的營養素，基本上得適時透過青菜、礦物塊、鈣粉、墨魚骨、鹽土這類副食來攝取。

如果覺得花心思準備這些副食也是飼養小鳥的樂趣之一，使用更接近自然的飼料，也就是以穀物種子為主食不會有太大問題。

如果沒有信心定時準備、分配好新鮮青菜等副食的分量，以滋養丸為主食比較保險。

不妨偶爾搭配保健食品及營養劑，補充容易缺乏的營養素。

副食

如果是以穀物種子為主食，需要另外補充能攝取維他命及礦物質的副食。

在不影響主食的前提下餵食吧。

副食的種類

鈣粉：磨碎牡蠣殼製成的產品。含有豐富的礦物質及鈣質。市售產品的鹽分很高，有時候還會有髒汙附著在上面，所以最好經過水洗乾燥後再餵食。

墨魚骨：墨魚（烏賊）的殼。含有鈣質及礦物質。最適合用來補充碘等必須微量元素。也可以用來梳理嘴喙、紓解壓力。

礦物塊：添加了鹽分及礦物質成分的固態塊狀物。

鹽土：將鹽及鈣粉混入紅土製成的產品。還可以充當消化所需的砂粒。

鈣粉　礦物塊　鹽土

蔬菜類

蔬菜當中又以茼萵等菊科青菜最好可以每天餵食。重點在於每隔幾天少量給予新鮮又營養價值高的青菜。

富含維生素A的蔬菜

包括小松菜、青江菜、豆苗、西洋芹、胡蘿蔔、甜椒等等。

胡蘿蔔、青花菜等蔬菜先汆燙過再給予的話，有助於提高胡蘿蔔素在體內的吸收率。由於容易腐壞，有吃剩的廚餘要馬上移除。

點心

玄鳳鸚鵡屬於穀食性小型鸚鵡，原本就無需食用點心。市售的水果及小鳥點心可能導致肥胖，所以大約留指甲前緣那麼大的分量即可。

點心的種類

粟穗、蕎麥粒、燕麥、葵花籽等可以當作點心。

未使用鹽巴只以滾水汆燙的玉米及毛豆也可當作點心，但可能會造成腹瀉，所以少量給予就好。也推薦胡蘿蔔、南瓜經過乾燥處理製成的手工乾片。

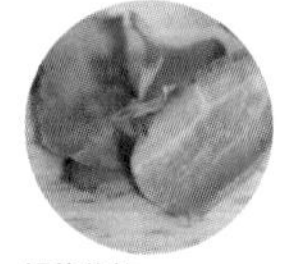

蕎麥粒　燕麥　胡蘿蔔乾

必須營養素

人為飼養的玄鳳鸚鵡無法自主選擇身體所需的食物。為了守護玄鳳鸚鵡的健康、讓牠們活久一點，最好學習有關飼料及點心營養的基礎知識。

飼主有責任提供優質飼料

野生的玄鳳鸚鵡會自行覓食，但是人為飼養的玄鳳鸚鵡只能吃飼主供應的食物。

並不是「不要給鳥吃危險食物就好」，而是要理解玄鳳鸚鵡的食性，以「除非安全性有經過認證，否則都不該隨意餵食」的觀念來思考。

不要被產品名稱迷惑

打著「玄鳳鸚鵡用」等名義販售的飼料及點心當中，亦有無法輕信的產品。就算愛鳥吃得很開心，也不能保證那是對身體有益的產品。

尤其未標示有效期限及成分標示的產品更要注意。飼主得靠自己的雙眼明辨是非，審慎思考是否確為食用無害的產品。

可以從成分表得知的事情

就如次頁表格所示，可以看出麻籽、荏胡麻籽等種實類熱量極高且脂肪含量多，並不適合作為玄鳳鸚鵡的日常所食。

再來，穀物種子的基本食材粟、稗、黍雖然含有優質蛋白質，卻幾乎不含維生素。礦物質的含量幾乎也是如此。

如果想要以穀物種子飼養愛鳥，除了基本的綜合穀物飼料，還要搭配富含維生素A的青菜、含有大量鈣及鈉的鈣粉及墨魚骨等副食，有助於合成維生素D的日光浴或維生素劑等保健食品也必不可少。

■種子、種實的營養成分（每100g食品）

	粟（精製穀物）	稗（精製穀物）	黍（精製穀物）	燕麥	蕎麥（全粒）	加拿麗鷸草	麻籽	荏胡麻籽
熱量（Kal）	364	361	353	350	339	377	450	523
水分（g）	13.3	12.9	13.8	10.0	13.5	12.9	4.6	5.6
蛋白質（g）	11.2	9.4	11.3	13.7	12.0	21.3	29.9	17.7
脂質（g）	4.4	3.3	3.3	5.7	3.1	7.4	28.3	43.4
碳水化合物（g）	69.7	73.2	70.9	69.1	69.6	56.4	31.7	29.4
膳食纖維（g）	3.4	3.3	1.6	9.4	4.3	21.3	23	20.8
β-胡蘿蔔素（mcg）	0	0	0	0	0		25	23
視黃醇（mcg）	0	0	0	0	0		0	2
維生素D（mcg）	0	0	0	0	0		0	0
維生素E（mg）	0.6	0.1	0.8	0.6	0.2		1.8	1.5
維生素K（mg）	0	0	0	0	0		51	1
維生素B1（mg）	0.56	0.25	0.34	0.20	0.46		0.35	0.54
維生素B2（mg）	0.07	0.02	0.09	0.08	0.11		0.19	0.29
菸鹼酸（mg）	2.9	2.3	3.7	1.1	4.5		2.3	7.6
維生素B6（mg）	0.18	0.17	0.11	0.11	0.30		0.40	0.55
維生素B12（mcg）	0	0	0	0	0		0	0
葉酸（mcg）	29	14	13	30	51		82	59
泛酸（mg）	1.83	1.50	0.95	1.29	1.56		0.57	1.65
維生素C（mg）	0	0	0	0	0	0	0	0
鈉（mg）	1	6	2	3	2	1	2	2
鉀（mg）	300	240	200	260	410		340	590
鈣（mg）	14	7	9	47	17	20	130	390
鎂（mg）	110	58	100	100	190	1300	400	230
磷（mg）	280	0	160	370	400	500	1100	550
鐵（mg）	4.8	0	2.1	3.9	2.8	5.0	13.0	16.4
鋅（mg）	2.5	0	2.7	2.1	2.4	5.0	6.1	3.8
銅（mg）	0.49	0	0.38	0.28	0.54		1.32	1.93
錳（mg）	0.88	0	0		1.09		9.97	3.09
亞麻油酸（mg）	0	0	0	2000	950		15000	5100
次亞麻油酸（mg）	0	0	0	92	61		4700	24000

擷自「八訂日本食品標準成分表 增補2023年」
加拿麗鷸草的數值是參照2004年《陪伴鳥No.1》（誠文堂新光社出版）。僅標示13成分的分析數值

■蔬菜的營養成分（每100g食品）

	小松菜（葉）	青江菜（葉）	豆苗（葉、莖）	白菜（葉）	胡蘿蔔（帶根帶皮）	紅甜椒	歐芹（葉）	葉萵苣	萵苣
熱量（Kal）	13	9	28	12	26	28	34	16	11
水分（g）	94.1	96.0	90.9	93.9	90.4	91.1	84.7	94.0	95.9
蛋白質（g）	1.5	0.6	3.8	1.3	3.8	1.0	4.0	1.4	0.6
脂質（g）	0.2	0.1	0.4	0.1	0.2	0.2	0.7	0.1	0.1
碳水化合物（g）	2.4	2.0	4.0	2.6	7.3	7.2	7.8	3.3	2.8
膳食纖維（g）	1.9	1.2	3.3	2.2	3.8	1.6	6.8	1.9	1.1
β-胡蘿蔔素（mcg）	3100	2000	4100	1900	6700	1100	7400	2300	240
視黃醇（mcg）	0	0	340	0	720	88	0	0	0
維生素D（mcg）	0.0	0.0	0.0	0.0	0.0	0.0	0.0	0	0
維生素E（mg）	0.9	0.7	3.3	1.3	0.5	4.3	3.3	1.3	0.3
維生素K（mg）	210	84	280	130	12	7	850	160	29
維生素B1（mg）	0.09	0.03	0.24	0.05	0.05	0.06	0.12	0.10	0.05
維生素B2（mg）	0.13	0.07	0.27	0.13	0.05	0.14	0.24	0.10	0.03
菸鹼酸（mg）	1.0	0.3	1.1	0.7	1.1	1.2	1.2	0.4	0.2
維生素B6（mg）	0.12	0.08	0.19	0.14	0.12	0.37	0.27	0.10	0.05
維生素B12（mcg）	0	0	0	0	0	0	0	0	0
葉酸（mcg）	110	66	91	150	46	68	220	110	73
泛酸（mg）	0.32	0.17	0.8	0.28	0.31	0.28	0.48	0.24	0.2
維生素C（mg）	39	24	79	88	4	170	120	21	5
鈉（mg）	15	32	7	21	16	Tr	9	6	2
鉀（mg）	500	260	350	300	630	210	1000	490	200
鈣（mg）	170	100	34	140	45	7	290	58	19
鎂（mg）	12	16	22	27	20	10	42	15	8
磷（mg）	45	27	61	37	43	22	61	41	22
鐵（mg）	2.8	1.1	1.0	2.3	0.3	0.4	7.5	1.0	0.3
鋅（mg）	0.2	0.3	0.4	0.2	0.2	0.2	1.0	0.5	0.2
銅（mg）	0.06	0.07	0.08	0.05	0.08	0.03	0.16	0.06	0.04
錳（mg）	0.13	0.12	0.11	0.21	0.13	0.13	1.05	0.34	0.13
亞麻油酸（mg）	8.0	（21）	-	（3）	-	（67）	（100）	（16）	12
次亞麻油酸（mg）	56.0	（28）	-	（24）	-	（37）	（7）	（39）	14

Tr：微量　（ ）內為推估值　擷自「八訂日本食品標準成分表 增補2023年」

不能餵食人類食物的理由

只要沒味道就可以餵食？

「只要食物沒味道就可以餵食」是毫無根據的錯誤認知，不能由此判斷鸚鵡及鳳頭鸚鵡的食物。

認為未經調味很安全，而餵玄鳳鸚鵡吃煮熟的白飯、水煮麵條、吐司等食物，反而讓愛鳥受苦的案例層出不窮。

為什麼這些應該沒味道的食物不能餵玄鳳鸚鵡吃呢？

就以吐司為例，麵包的原料除了小麥麵粉之外，還使用了雞蛋、奶油（或人造奶油）、食鹽、砂糖等材料。

食鹽及砂糖是用於增添風味的材料，而脂肪含量高的奶油或人造奶油以玄鳳鸚鵡的消化器官也很難消化。

麵粉也是一樣，只要經過加熱就會糊化，變成對玄鳳鸚鵡來說難以消化的食物。這些食物在體溫偏高的鸚鵡體內會腐壞，以未消化的狀態殘留在體內，進而導致真菌（黴菌）增生。

不只有吐司會發生這種情況，加熱製成的米飯、義大利麵、蕎麥麵等亦同。

番薯及馬鈴薯經過加熱也會糊化。

不僅如此，市售的麵包大多會添加人

工色素、香料、乳化劑及酵母等，可能也會危害人體的食品添加物以各種形式混雜其中。

試想這些以人類健康標準來看也會危害人體的化學添加物混在食物裡，會對嬌小的玄鳳鸚鵡帶來多大的負面影響，就會覺得果然不能隨便餵牠們吃人類食物吧。

只有幾種蔬菜是人和鳥都可以吃的

說到既是人類可食又能餵玄鳳鸚鵡吃的食物，可能只有新鮮蔬菜和幾種水果而已。

經常用作玄鳳鸚鵡點心的市售水果，問題出在該水果所含的糖分。

市售水果如今已不同於往昔，原本酸到不能吃的種類漸漸地在市場上流通。

為了讓人類食用的口感變得更美味，農人栽種水果時在施肥方面多下工夫，或是盡心改良收成後的保存方法，讓水果原本的甜度提升了好幾倍。

並不是水果本身有害，而是為了迎合人類口味，以人工方式刻意提高糖度的水果已經很難稱作天然食物了。

玄鳳鸚鵡的食性

玄鳳鸚鵡在常見陪伴鳥當中體型偏大，但是確實屬於小型鸚鵡。用中型鸚

鵡的標準幫牠們準備食物並不恰當。

比方說，玄鳳鸚鵡為種食性，而屬於中型鸚鵡的太陽鸚鵡及綠頰錐尾鸚鵡為植食性，紅色吸蜜鸚鵡及吸蜜鸚鵡則是蜜食性。

這些鸚鵡和玄鳳鸚鵡的食性有所不同，由此可知即使體型大小相去不遠，消化食物的能力還是不盡相同。務必要充分理解玄鳳鸚鵡擁有異於這些中型鸚鵡的食性。

再來，玄鳳鸚鵡過去在無邊無際的土地上四處飛翔，過著以高速飛越乾燥遼闊荒野的生活，是運動量很大的鳥。

原本玄鳳鸚鵡以植物種子這類粗食為主食，就足以維繫長距離遷徙的生活，所以要是住在狹窄籠內還搭配高熱量飲食，很快就會肥胖。換句話說，說玄鳳鸚鵡原本就有容易變胖的體質也不為過。

切記要以粗食爲主

有些人或許會認為鸚鵡本身具有嗅出什麼食物有毒的本能，端看玄鳳鸚鵡會主動進食就不加思索地亂餵一通，但是這樣會縮短愛鳥的壽命。

暫且不論野生的玄鳳鸚鵡如何，面對我們養在家裡、作為陪伴鳥歷史悠久的玄鳳鸚鵡，實在不能期望牠們還留有野生的本能。

玄鳳鸚鵡是「小心謹慎卻好奇心旺盛」的小鳥。

尤其當牠們還年輕的時候，對任何事物都充滿興趣，面對前所未見的新食物也會勇敢地嘗鮮。

如果是野生玄鳳鸚鵡棲息的人跡罕至的沙漠地帶，或許的確有可能透過氣味或味道來辨識有毒的植物及樹果。

然而，身為陪伴鳥的玄鳳鸚鵡就不一樣了。與飼主一起生活而時有接觸，發出可口甜美香氣的零食、經過調味的人類吃的米飯及配菜擺在眼前，試問鳥兒真的有能力辨別「這些食物是否對自己的身體有害」嗎？想必我們人類也覺得非常困難吧。畢竟盡是一些野外原本就不存在的食物。

只有飼主能守護愛鳥的健康。什麼食物對玄鳳鸚鵡的健康有益、有害，仔細研究過後再餵食比較好。

挑戰種植芽菜

何謂芽菜？

使種子發芽變成「冒芽食物」，就是所謂的芽菜（sprout）。

芽菜階段是花草一生中含有最多養分的狀態，比種子階段、進一步長出葉子或果實的階段還要多。在房間內即可種植，短期間內就會成長，變成新鮮又富含營養的芽菜。

凡是愛鳥人士都應該嘗試看看。

芽菜不僅吸收了大量自然精華，營養價值也很高，再加上鸚鵡也喜歡吃，堪稱「天然又美味的保健食品」。

種植芽菜的注意事項

吸飽水分的種子很容易成為黴菌等壞菌的溫床。

本是為了玄鳳鸚鵡好而種植芽菜，如果因為黴菌滋生導致衛生條件欠佳，反而危害到愛鳥身體的話，到頭來只是弄巧成拙。種植芽菜時務必要多加留意。

梅雨季、夏季期間等高溫多濕的時期並不適合種植芽菜。

一旦發現有惡臭、水質腐壞或是表面黏滑，疑似遭到黴菌汙染的狀況，還是及早丟棄比較好。

如果只有一部分腐壞，也可以埋到有土的盆栽裡栽培，之後收成葉子及果實餵給愛鳥。

●粟穗芽菜的種植方法

作為小鳥飼料販售的顆粒大小均等且品質優良的粟穗，可以直接使其發芽長成芽菜。

❶充分洗淨

將粟穗泡在水中，以流水充分洗淨。

洗到水不髒以後，將粟穗放入盛有淨水的容器裡。

❷蓋上蓋子靜置

為了避免混入雜質、照到陽光，可以幫容器蓋上蓋子或用鋁箔紙等物包覆表面，置於冰箱內冷藏。

每天更換泡粟穗的水，等待種子發芽。

❸發芽以後要及早使用完畢

發芽以後分裝成小份，放在冰箱冷藏保管，及早作為點心餵玄鳳鸚鵡吃光。

新芽冒到一半的狀態是營養價值最高的時期，正適合鸚鵡食用（下方照片為種過頭）。

雖然也會受到氣溫影響，不過芽菜通常3～6天左右就會發芽。

發芽以後，收成之前先在陽光底下照個1天，可以提升芽菜的營養價值。

※無法作為芽菜的種子

市面上也有販售用來栽種貓草的燕麥等種子，但是那些種子可能有使用防腐劑，故無法作為芽菜使用。只有作為小鳥飼料販售的帶殼種子可以種植芽菜。

再來，作為小鳥點心販售的麻籽在日本法律規範下，有經過遏止發芽的藥品處理，所以無法種成芽菜。

PERFECT PET OWNER'S GUIDES

Chapter 6

溝通交流

玄鳳鸚鵡也各有各的特色，而且擁有豐富的感情。

了解玄鳳鸚鵡的心情，與愛鳥進行良好的溝通交流吧。

玄鳳鸚鵡也有個人特色

就像我們人類一樣，玄鳳鸚鵡也有屬於自己的個人特色。

除了物種與生俱來的天性，不同個體各有各的風格。

有些是刻在基因裡的本性，有些是環境因素所致。而遺傳加上環境複雜交織的結果，使牠們得以學會困難的才藝，也可能展現出過度戒慎恐懼、具有攻擊性的一面。

舉例來說，骨骼等生理構造幾乎都遺傳自親鳥，環境影響可說是微乎其微，但是如果想讓玄鳳鸚鵡學會模仿、才藝等，卻不能提供牠們適合練習的環境，愛鳥天資聰穎也無處施展。

玄鳳鸚鵡呼喚的原因

玄鳳鸚鵡在野外會組成小型鳥群，牠們不具有特定的地盤，而是和同伴在無比遼闊的地區四處飛翔，過著逐水草而居的生活。

此外，由於玄鳳鸚鵡沒有禦敵武器，為了避免遭到猛禽類等天敵鎖定，鳥群當中的個體也不會做出引人注目的行為。

就算身體狀況欠佳仍會拚命隱藏，採取和同伴一樣的行動。

原因在於一旦脫離了同伴這個小群體，很可能招來「死亡」的下場。

或許是因為這樣，當人為飼養的玄鳳鸚鵡看不到同伴（飼主及其家人）的身影，心中也會感到不安，試圖透過呼喚把同伴叫回來。

換句話說，如果玄鳳鸚鵡本身待在能自由往來同伴所在之處的環境，或是處於能夠互相聯繫的狀況，情況又會如何呢？

這也是為什麼安置鳥籠的場所最好選在「能隨時感知飼主或家人就在附近、可以安心生活的地方」。

玄鳳鸚鵡陷入恐慌的原因、做出威嚇動作的原因

玄鳳鸚鵡通常把飼主及家人視作同伴，牠們高高豎起冠羽、頭部往後擺，張大嘴喙做出「嚇——！」的威嚇行為實屬罕見。

此時玄鳳鸚鵡呈現什麼樣的心理狀態呢？

如前所述，玄鳳鸚鵡既沒有地盤，也不會進行狩獵。身為被捕食的鳥類，只有逃跑的速度堪稱一流。而這樣的玄鳳鸚鵡會激動地做出威嚇行為，不是應該將其視作事態嚴重的表現嗎？

比方說在築巢期間試圖把手伸進巢箱裡面，親鳥會拚了命地想要阻止，進而做出威嚇行為。這是為了繁衍後代而拚死抗敵。

倘若並非如此，而是在照顧愛鳥或與之進行溝通的時候，出現了類似的激烈威嚇行為，試從玄鳳鸚鵡的角度來思考可謂面臨緊急狀況，也可以想成牠們從眼前的對象身上感受到莫大恐懼才會威嚇。

或許飼主會想說「我的手只是稍微擋到上方而已」、「我只是把玩具稍微推近一點罷了」，有必要對這種小事反應那麼大嗎……？但是在嬌小的玄鳳鸚鵡眼中看來，那些行為就是如此具有威脅性，與愛鳥互動時務必要有所意識。

另一方面，有時候是愛鳥平常就會對飼主做出這種威嚇行為。這是因為牠們學會了「只要這樣威嚇，飼主就會把手縮回去」。在這種案例中，威嚇成了能迅速表達自我主張的手段。

無論是何種情況，威嚇都不是玄鳳鸚鵡心情愉悅時會出現的行為，請飼主站在玄鳳鸚鵡的角度好好設想，避免做出令牠們厭惡的舉動。

玄鳳鸚鵡 對環境變化很敏感的原因

不光是玄鳳鸚鵡，可稱作陪伴鳥的鳥類幾乎都是如此——牠們對於環境變化相當敏感。有時候適應不來些微的環境變化，甚至會讓愛鳥在短期間內生病、引發啄羽及自咬等問題行為。

噪音、震動、氣味、光線……即使對共同生活的人類來說微不足道，卻有可能變成玄鳳鸚鵡難以忍受，甚至於引發生死攸關之嚴重問題的根源。

就連為了愛鳥著想而放進籠內，看起來很可愛的鳥用玩具，有時候也會成為牠們的壓力來源。

為什麼玄鳳鸚鵡如此難以適應環境變化呢？

原因大概是玄鳳鸚鵡本來是在廣袤無垠的地區四處飛翔，為了追求更好的環境不斷轉換生活場所的鳥吧。

當牠們判斷如今所處的環境不適合作為生活場所，就會無所眷戀地捨棄那個地方，踏上尋覓新天地的旅程。

一旦察覺自己或同伴的生命有危險，就會立刻飛離那個地方，就像身體隨時處於怠速狀態。那可以說是玄鳳鸚鵡為了求生孤注一擲的生存策略吧。

也就是說，雖然牠們擁有置身險境時立刻逃離該處的能力，卻沒有在原地持續忍耐折磨最終適應該處的能力。

千萬不要忘記您的玄鳳鸚鵡總是待在鳥籠裡面。

公鳥與母鳥的個性差異

雖然個體差異及個性也會有很大的影響，不過就一般情況來說，雄雌性的天性差異如下所述。

公鳥

- 羽色比母鳥鮮豔。
- 叫聲非常響亮，聲音變化也比母鳥豐富。
- 積極溝通。
- 呼喚的頻率也會比母鳥高。
- 有時候進入發情期較有攻擊性。
- 容易記住話語、模仿。
- 地盤意識較高。
- 討厭孤獨。

母鳥

- 叫聲比公鳥安靜。
- 比較保守（內向）。
- 比公鳥更我行我素。
- 比公鳥更能忍受獨處的時光。
- 呼喚的頻率也會比公鳥低。

驗明公母的好處

在動物醫院進行診察的時候，檢驗雄雌性也是必要環節。

舉例來說，卵阻塞（俗稱卡蛋）、睪丸腫瘤分別是母鳥和公鳥特有的疾病，得知雄雌性就和了解病患的體重、食欲一樣，對於診斷疾病很有幫助。

如果想要先確定性別再帶鳥回家，不妨從經歷過初次換羽的亞成鳥中挑選，或是透過繁殖業者購買從基因上驗明性別的雛鳥，還有一個方法是仰賴DNA性別鑑定。

不過，即使可以藉由性別得知容易罹患的疾病，還是無法掌握該個體特有的天性資質，所以若目的是培育上手鳥而非繁殖的話，與其執著性別為何，不如挑選一隻不怕人、感覺和自己合得來的個體。

拉近彼此距離的要點

想和玄鳳鸚鵡建立良好的溝通，最重要的莫過於持續努力了解玄鳳鸚鵡的心情。單方面地傾注愛意只會產生反效果，還請多加留意。

接納差異

玄鳳鸚鵡和我們人類在分類學上也是迥異的存在。更何況彼此又不是血脈相連的親子，所以最好捨棄「即使未說出口也能互相理解才對」這種一廂情願的想法。有時候這種想法甚至會讓原本緊緊相依的心產生裂痕。

單方面地傾注愛意的作風，不但無法把心意傳達給膽小的玄鳳鸚鵡，還會讓牠們覺得飼主就是個具有威脅性的危險人物，所以務必牢記——時刻力求細心謹慎才是與牠們維繫良好溝通的不二法門。

在固定的時間進行日常照顧

盡量在每天的固定時間照顧玄鳳鸚鵡，如果習慣在早上就都在早上進行。

每天都在差不多的時段進行，最終會讓玄鳳鸚鵡開始期待飼主提供的「服務」。

如此一來，愛鳥就會建立「飼主來訪」→「會發生有利於自己的好事（換飼料、換水等）」的聯想。最後，當玄鳳鸚鵡心中「只要在這個時間等待，飼主一定會來」的期待轉變為確信，愛鳥今後就可以在家裡安心生活了。因為「心靈安全基地」已經成形。想必接下來玄

鳳鸚鵡對飼主的信賴也會逐漸加深。

每天進行放風，但是時間取決於自己的安排

不同於換飼料及換水，放風對於上手鳥來說很重要，卻非生死攸關的事情。

這樣一想的話，其實關於放風的時段、放風時間的長短，可以衡量自己什麼時段比較方便，根據每天狀況來擬訂不同的安排。

倒不如說，放風及親密接觸的時間避免在每天同個時間進行，才是對彼此都好的模式。之所以這樣說的原因在於，假設飼主每天早上、每天晚上都會在固定時間陪愛鳥長時間玩耍，某天卻由於工作需求一時之間無法陪玩，牠們會怎麼想呢？

玄鳳鸚鵡無法理解飼主擠不出時間的難處，看到飼主突然拋下自己，說不定會因此感到沮喪。

至今以來親切的飼主總是在同個時段放風，卻突然基於某些原因無法進行，這種「沒有在固定時間進行固定活動」的損失，可能會變成玄鳳鸚鵡心中很大的壓力。

比如當我們習慣在每天的固定時間午休，卻臨時要配合學校或公司的決策犧牲午休時間，或是挪到很不一樣的時段進行，心裡也會覺得不痛快。遑論如果那是對自己來說一天一次的快樂時光、對好好努力的自己最大的鼓勵，心中作何感想呢？

說放風時間是上手鳥的生存意義也不為過。

最好不要無故背叛牠們的期待，在不會勉強的時間或時段、力所能及的範圍內進行放風，與其堅持在相同時段進行，每天持之以恆更重要。

讓玄鳳鸚鵡抱著「今天什麼時候會放我出來呢」的快樂期待，也是提升牠們生活品質的祕訣之一吧。

玄鳳鸚鵡的心情會表現在肢體語言上

未使用語言進行溝通稱為「非語言溝通」（non-verbal communication）。透過比手畫腳、視線、表情等媒介，向眼前的對象傳達當下的想法，即可讓對方察覺我方的訴求、想要訴說什麼事情，藉此達到互相了解的效果。

這不僅適用於人與人之間，我們和不會講話的動物之間的關係亦同。

時而低著頭撒嬌討摸、時而撐大鼻孔表現憤怒……玄鳳鸚鵡會透過豐富的表情及動作，運用全身向我們傳達牠們的喜怒哀樂。

您是否無意間忽視了愛鳥的表情及行為變化呢？

留心那些看似隨興而為的舉動、叫聲的音調，就會逐漸理解愛鳥當下帶著什麼樣的心情。

從玄鳳鸚鵡的模樣，可以看出牠們是內心滿懷期待，還是在鬧彆扭生悶氣，又或是對什麼感到害怕……

如果可以正確掌握愛鳥的心情，甚至能夠及早發現身體不好的徵兆。不僅如此，採取合乎愛鳥心情的應對方式，應該也有助於打造比以往還要順遂的溝通模式。

高興的時候、想引人注意之際的徵兆

- 抬起翅膀做出類似聳肩的動作
- 在棲架或桌子上來來回回
- 上下擺動翅膀
- 雙腳不動，只有身體不停地左搖右晃
- 飛到籠子上
- 上下擺動頭部

➡有時候會用愉悅的動作表現自己，極力展現高昂的情緒。

一副很想溝通的模樣，有時間的話不妨回應牠們的期待。

健康狀況良好的徵兆

- 用響亮的聲音朝氣十足地鳴叫
- 用水洗澡

➡可以透過鳴叫聲來評估健康狀況。

有新鮮的風吹在身上、待在視野開闊的地方時，有時也會精神抖擻地鳴叫。

身體不好的時候，玄鳳鸚鵡不會發出響亮的叫聲或用水洗澡。

覺得燥熱的徵兆

- 抬起翅膀（腋下）
- 半張著嘴喙
- 呼吸急促
- 尋找陰涼處、待在水旁邊或角落

➡玄鳳鸚鵡覺得燥熱的時候，會抬起原本縮在腹部的雙翅以利通風，避免羽毛內部囤積過多的熱能；打開嘴喙調節體溫，避免體溫上升太多。對玄鳳鸚鵡來說，30°C左右的溫度其實算舒適，不過牠們是生活在乾燥地帶的鳥，不太能適應高濕度環境，一旦濕度過高也會出現這類動作。

覺得寒冷的徵兆

- 羽毛蓋到腳尖
- 蓬起全身羽毛脹大身體
- 單腳站立
- 把頭部埋入後方的羽毛中

➡玄鳳鸚鵡會蓬起全身的羽毛，避免溫暖的空氣散逸到外部，藉此保持體溫（蓬羽）。

想睡的時候也有可能蓬羽以保持體溫。

如果明明不是睡覺時間卻經常蓬著羽毛，那就有必要進行保溫。

如果已經用適當溫度進行保溫，愛鳥還是蓬著羽毛的話，有可能是健康狀況出問題。

恐懼

壓低身體並抬頭，做出疑似身體往後的動作時，可能是害怕到想往後退。此時就不要老是纏著牠們了。

宣示、興奮

- 瞳孔收縮
- 倒豎或展開羽毛
- 張大嘴喙要衝過來

➡當全身羽毛倒豎、瞳孔收縮，處於興奮狀態時，可能是宣示地盤、憤怒或是感到害怕的表現，有時還伴隨著「吱吱」的叫聲。不要惹牠們不高興比較好。

靜下來的時候、想睡的時候

- 碎碎念
- 啾啾啾地磨擦嘴喙
- 梳理羽毛

➡玄鳳鸚鵡梳理羽毛或嘴喙的時候，代表牠們覺得安全而情緒冷靜。這些動作在睡前也會增加。

想睡的時候

- 蓬起羽毛、閉著眼睛
- 咕啾咕啾地喃喃自語
- 用羽毛蓋住腳

➡玄鳳鸚鵡也會在睡前調整入睡姿勢。咕啾咕啾的叫聲聽起來就像在抱怨周遭太吵不好入睡。

這時候不妨降低音量，幫鳥籠蓋上遮光性高的罩布，營造安靜的空間。

轉換心情的時候、剛睡醒的時候

- 伸展翅膀
- 打哈欠

➡調整羽毛的狀態、轉換心情的時候可能會展開翅膀。請準備足以供愛鳥盡情伸展翅膀的寬敞鳥籠。

不是只有想睡的時候會打哈欠，剛睡醒、覺得疲累、處於極度緊張狀態時也會打哈欠，還是要根據狀況來判斷。

求偶、發情

- 橫向展開尾羽（公鳥）
- 吐料（公鳥）
- 倒豎羽毛（公鳥）
- 不斷敲擊棲架或玩具（公鳥）
- 磨蹭屁股（公鳥）
- 壓低身體展開翅膀（母鳥）
- 背部下凹（母鳥）
- 變得有攻擊性（公母鳥皆會）等

➡達到性成熟以後，玄鳳鸚鵡就會開始出現求偶動作。

求偶對象包括人手、玩具、棲架、各種事物。

過度發情可能損及身體健康，此時就

要多花心思避免牠們發情。

專心的時候

- 單側頭部朝向有聲音的方向專心聆聽
- 靜靜地收縮瞳孔

➡這是教牠們說話的絕佳時機。

用溫柔的聲音不斷重複想讓牠們記住的話吧。

想引人注目的時候、想撒嬌的時候

- 微微倒豎羽毛、歪著脖子
- 輕輕啃咬
- 身體依偎在手掌、手指、臉頰旁

➡這是鳥類對親密同伴會有的行為，也是希望對方幫忙梳理羽毛的動作。

雖然是渴望親密接觸的表現，但是撫摸全身的話會刺激發情，幫牠們搔搔頭部就可以了。

受到驚嚇的時候

- 羽毛貼平身體
- 眼球劇烈活動（瞳孔劇烈收縮）
- 冠羽倒豎
- 驚慌地起飛
- 嘎嘎大叫

➡玄鳳鸚鵡受到驚嚇的時候也會想要立刻逃走，或是發出驚恐的叫聲。

先讓牠們冷靜下來吧。

肢體語言也有個體差異

玄鳳鸚鵡的動作及表情各有特色。

好好地觀察愛鳥的動作及表情，解讀牠們當下的心情吧。

不需要嚴格管教小鳥，不過可以訓練牠們學習指令或才藝，作為共同的樂趣之一。在力所能及的範圍內一邊玩耍一邊訓練吧。

體罰有百害而無一利

與身為陪伴鳥的玄鳳鸚鵡共同生活時，絕對不可以施以嚴格的管教、太吃重的訓練。就算只是姑且一試，也會撕裂與愛鳥之間的感情。

尤其體罰更是荒謬至極。即使自己抱著無傷大雅的態度小力敲打，對嬌小的玄鳳鸚鵡來說仍是足以感受到生命威脅的恐怖行為。

而且，面對慘遭暴力對待而萎靡不振的玄鳳鸚鵡，要修復彼此之間的關係也不容易。

體罰就是強者對弱者施加肉體上的痛苦，可以說是逼對方服從的行為。

話雖如此，當中應該還是有「愛鳥對日常體罰的家人言聽計從，對不會體罰的家人卻有攻擊性」的案例。

這種狀況是因為愛鳥長期難以迴避，也可以視作牠們已經進入了放棄逃離困境的狀態（心理學用語稱為「習得無助（learned helplessness）」）。

此為鳥兒一心只想逃離令人厭惡的刺激（暴力），無奈之下選擇服從罷了，彼此之間並未建立情誼或信賴關係。

再來，習慣是很恐怖的事情，這種體

罰行為不僅會習慣化，還會讓牠們的感官麻痺，一旦達不到理想中的效果，施加的暴力就會越來越嚴重。

說到為什麼陪伴鳥會對施暴的嫌惡對象言聽計從，原因在於牠們註定只能活在飼主的庇護之下。畢竟對牠們來說，遠離施暴對象逃往安全場所的選項並不存在。

以管教之名行體罰之實，會在玄鳳鸚鵡的心中留下很深的傷痕。

挑戰喚回指令

當自家的玄鳳鸚鵡習得會令人感到開心的指令之一，就是「叫喚牠們的話會飛回自己身邊」。

雖說不需要嚴厲地管教牠們，不過至少要訓練愛鳥聽到名字會飛回來。

這是因為當愛鳥打算前往危險場所時，或是有脫逃走失的情形等等，喚回指令可以在緊急時刻派上用場。

不過，在那之前還有問題尚待解決——似乎有很多人認為愛鳥根本學不會喚回這類指令。

即使喊了自己養的玄鳳鸚鵡的名字，牠們仍一點反應也沒有，又或是愛鳥疑似知道飼主在叫喚自己卻轉身逃跑的狀況。

為什麼愛鳥叫也叫不來呢？

首先，喚名卻毫無反應的狀況，可能是對愛鳥說話的頻率太低所致。

試著把「某某，來吃飯囉」、「某某寶貝，一起玩吧」、「某某寶貝，今天也好乖唷」常常掛在嘴上，深情地頻繁呼喊愛鳥的名字吧。

只要愛鳥建立「飼主叫我的時候會發生好事或趣事」的觀念，成功訓練牠們學會喚回指令也是遲早的事情。

如果是叫喚愛鳥的名字，牠們卻轉身逃跑的狀況，可能要從修正喚名的時機開始做起。

像是「喂！某某寶貝！」、「不可以！某某」等等，自己是不是常常在訓斥玄鳳鸚鵡的時候、試圖把牠們放進鳥籠而追趕在後的時候，連聲叫喚愛鳥的名字呢？

這會導致「自己的名字→會發生壞事→應該逃跑」的聯想深植在愛鳥心中，即使聽得懂自己的名字，也會無視飼主的叫喚聲，一心想著溜之大吉。

總之，每當對愛鳥來說不太愉快的事情發生，不要直呼牠們的名字，使用「不行」、「不可以」這些簡要語句來表達會比較好懂、效果更好。

每當喚名以後愛鳥飛來自己身邊，就浮誇地大方讚美牠們或給一些獎勵（點心）吧。

幾經重複，愛鳥就學會了「聽見叫喚時飛去飼主身邊會發生好事」，即使沒有準備點心，最終愛鳥也會憑自身意願，聽見叫喚聲便馬上飛來找自己。

教導模仿或才藝

也可以教導玄鳳鸚鵡學習簡單的模仿或才藝。

如果想教導愛鳥使用套圈圈、投籃等鳥用玩具的才藝，第一步要讓牠們接觸各種物體，消除對玩具的恐懼。

盡量在小時候進行訓練比較好。因為一旦完全邁入成鳥階段，即使拿出玩具想讓愛鳥玩耍，牠們也會對陌生物體有所警戒，有時候甚至怕到不敢從手或肩膀上下來。

還有，不要想說我都花錢買了，而硬逼著畏懼眼前玩具的玄鳳鸚鵡玩耍比較明智。想要強行吸引愛鳥注意而把玩具塞過去，別說感興趣了，只會進一步加

深牠們內心的恐懼。

儘可能地隨意為之，把新玩具和點心一起放在玄鳳鸚鵡喜歡的地方吧。

此外，想一次讓牠們記住很多才藝也不太妥當。因為東教西教只會讓愛鳥感到混亂，不僅需要花更長的時間才能記住，最終成果也不甚理想。

集中教導一個才藝就好，飼主本身對於開發新玩具或才藝樂在其中，一邊專心玩耍一邊訓練才是最好的做法。

當愛鳥成功做到，請多多讚美牠們或給一些獎勵。這會成為習得才藝、記住才藝的良好動機。

在模仿這塊領域，似乎有不少玄鳳鸚鵡不太擅長說話。話雖如此，牠們還是有很大機率能記住名字、打招呼這類簡短語句，所以不妨積極地向愛鳥說話。沉默寡言的飼主養的鳥原本就少有機會聽人說話，要讓牠們記住並不容易。

對玄鳳鸚鵡來說，模仿口哨聲似乎比記住語句來得簡單。耐心地持續教導，甚至可以完整地唱完一首長曲。

雖然母鳥也能受訓，不過公鳥通常會比母鳥更積極模仿、更容易精通。

最後，說到什麼是玄鳳鸚鵡學習才藝及模仿的動機，其實得到讚美都還算附加價值，愛鳥無非是想「更了解飼主」、「更親近飼主一些」。因此，日常的溝通會是成功的關鍵。

COLUMN

試著自製鳥用玩具吧

為了每天想著「有沒有什麼好玩的事情呢」、充滿好奇心的玄鳳鸚鵡著想，要不要運用一些容易取得的材料，試著自由創作世界上獨一無二的鳥用玩具呢？

● 能作為材料使用的物件<天然素材>

* 樹枝、地錦
  （無毒且未施藥、未施肥的植物）
* 牧草、燈心草（市售小動物用商品）
* 粟穗
* 絲瓜、牛皮（市售犬用玩具）
* 珠子、鈕扣
  （鸚鵡不會誤食的大尺寸物件）
* 魚板底下的木板等木材

● 固定玩具的包材

* 麻繩、紙繩、棉繩、圓環扣等扣件

● 不能用於小鳥玩具的物件

* 玻璃製品
* 鉛、金屬製品
* 含有甲醛的接著劑
* 尼龍繩、袋子等塑膠製品
* 橡膠製品
* 可能誤食的小零件
* 塗裝容易剝落的物件
* 有害的樹枝等（櫻、繡球花、銀杏等）
* 過長或容易纏身的繩子

● 選用材料時的注意事項

誤食會損傷身體的物件、硬木片或貝殼等容易碎裂刺傷的物件很危險。此外，尺寸小到玄鳳鸚鵡能吞下肚的物件也有窒息風險，千萬不能使用。

而且為了安全起見，基本上能不使用接著劑就不要用，但是無論如何都需要接著劑進行黏合的話，請選用無毒的熱熔膠產品。製作時要小心燙傷，在玄鳳鸚鵡嘴喙無法觸及的部分用些許熱熔膠黏合即可（※雖無毒，還是有誤食風險）。

選好材料以後，要檢查有無太尖銳、剝落的刺屑或容易折損的部分，使用雙手撫遍每個角落以策安全。

● 檢查做好的玩具

* 有無愛鳥的頭部或雙足穿過時會卡住的縫隙
* 端部等處有無容易受傷的尖銳構造
* 是否有使用一不小心就會吞下肚的小零件
* 是否使用了對小鳥有害的塗料、藥品等，諸如此類……

● 如果玩具損壞

損壞的玩具可能是引發未知意外的肇因，所以要馬上丟棄，或是修復到安全無虞再繼續使用。

如果損壞狀況並不嚴重，也可以等到有飼主在旁監控的放風時刻讓愛鳥在籠外玩耍。

● 材料有用到紙類的注意事項

瓦楞紙箱、衛生紙芯筒等紙材作為材料非常好用，但是愛鳥在遊玩過程中啃咬的話，還是無法排除誤食的風險。吞食紙類的行為嚴重時恐會導致窒息、腸阻塞。

使用紙材是否恰當，需要把愛鳥的日常行為及個性也納入考量，經過審慎評估再判斷。

● 如果想幫玩具上色

麥克筆等油性墨水含有揮發性有機溶劑，極微量或許不會引發什麼問題，不過還是不推薦使用這類塗料。

油漆類也是油性油漆有害，而水性油漆還是有愛鳥以嘴喙剝啃漆料誤食的風險。最好不要使用油漆類塗料。

如果想要製作色彩繽紛的玩具，不妨使用本身帶有顏色的壓克力等材料，或是使用遵循食品衛生法生產的顏料來上色。

溶活用創意大幅改造！
把身邊的物品回收重製　手工鳥用玩具

●用花圈底座製作簡易鞦韆

用假花來裝飾經過充分乾燥的花圈底座（奇異果、葛等植物的藤蔓），再用繩子吊掛就大功告成的懸掛式鞦韆。

祕訣在於取得平衡，打造玄鳳鸚鵡站上去也不會翻轉的玩具。

●冰淇淋木匙也可以變成玩具

把購買盒裝冰淇淋時附的簡易木匙變成玩具。用錐子或戳針打洞以後，用麻繩把小扣環、鈕扣、珠子等物串在一起即可。

●用鍍膜鋼線製成的粟穗架

在鍍膜鋼線上串珠，並以紙繩包裹即可製成的粟穗架。

●用木珠和麻繩製成的玩具

此玩具使用了通過歐洲合格認證（CE）的木珠。麻繩打結之後割掉前端梳理成掃帚狀。

●用電話線髮圈和手環製成的環形玩具

用塑膠製大扣環及小扣環，把彈簧狀的電話線髮圈與壓克力製手環串在一起製成。

●手工鳥用玩具　使用上的注意事項

萬一玄鳳鸚鵡有部分身體卡在玩具上而暴走，請趕快卸下玩具。

此外，由於手工玩具並非工業產品，容易損壞也在所難免。雖說為了讓玩具更耐用而做得堅實一點很重要，但是太執著於加固的話，有時反而會造成原本能夠脱身卻脱身不了的意外發生，這種情況也很危險。

不如事先預想心愛的玄鳳鸚鵡會用什麼方式遊玩，以及玩具可能會從什麼地方、以什麼形式損壞，而玄鳳鸚鵡又會用什麼方式擺弄損壞的玩具，更有利於製作不會發生意外的安全玩具。

Chapter 7

飼養方面的麻煩

防止玄鳳鸚鵡脫逃的對策

就和其他陪伴鳥一樣，玄鳳鸚鵡脫逃走失的偶發事件屢見不鮮。

尤其在早春時節，寵物鳥走失的消息就像雨後春筍般時有所聞。

不必多言，玄鳳鸚鵡是擁有靈活翅膀的鳥類。

千萬不要忘了牠們是即使門窗未大幅敞開，只要有一丁點縫隙就會展翅飛向天空的生物。

為了防止玄鳳鸚鵡脫逃走失，飼主身體力行之外還需要所有家人的協助。

防止愛鳥脫逃的竅門

用窗簾或捲簾使窗邊保持陰暗

鳥類會飛往光線明亮的方位。放風的時候，窗戶最好拉上窗簾或是降下擋雨的捲簾，把不想讓愛鳥進去的房間燈光關上等等，營造昏暗的空間。

不僅可以防止愛鳥脫逃走失，還能預防迷路或劇烈衝撞窗戶的意外發生。

平常隨時檢查鳥籠

因為鳥籠的金屬網或塑膠底盤的扣件鬆脫、長年劣化使塑膠扣件斷裂，導致愛鳥趁底部鬆脫之際脫逃，類似的事件層出不窮。最好定期檢查鳥籠有沒有問題（有些鳥籠製造商有販售用於替換的特定零件）。

在門上安裝鎖扣防止走失

雖然稍嫌麻煩，不過平常可以用旋轉扣等物鎖住鳥籠的門。

如果只用洗衣夾輕輕地夾住籠門，有時候會被玄鳳鸚鵡靈巧地拆下來。

市面上也有供應籠門出口設在嘴喙難以觸及之處（飼料盆、水盆的背側等）的鳥籠，或是另外販售用來固定鳥籠的金屬鎖扣。不妨靈活運用這類物件。

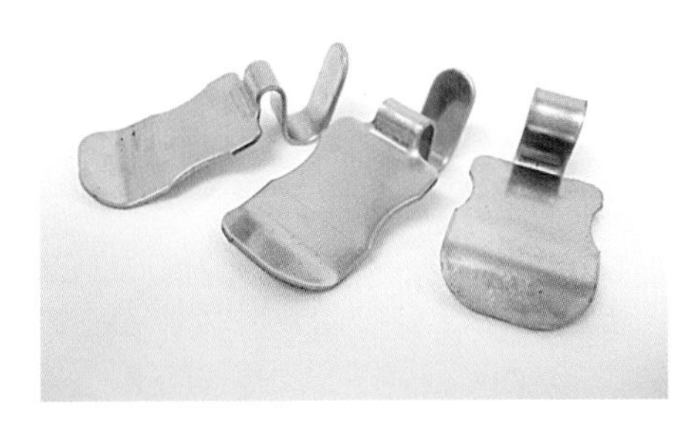

不要太仰賴剪羽

就算愛鳥的飛羽有經過修剪，鳥類的羽毛還是會定期汰舊換新，不知不覺之間恢復了飛行能力，因而脫逃的事件也是屢見不鮮。切勿太仰賴愛鳥剪過羽而輕忽大意。

有時候還會走到外面

說到玄鳳鸚鵡脫逃通常會聯想到牠們飛走的畫面，不過身為陪伴鳥與人類共同生活的玄鳳鸚鵡也有可能鑽過門縫大步走到外面去。小看藏在腳邊、天花板等處的小縫隙可是會吃大虧的。

努力避免愛鳥發生脫逃意外吧。

避免愛鳥脫逃的注意事項

- 把愛鳥放出籠外之前，先向所有家人告知一聲。
- 放風期間視線不要離開愛鳥。
- 準備打開籠門照顧愛鳥的時候，先關好門窗。
- 所有窗戶都要有紗窗，不要放任門窗處於開放狀態。
- 遇到得移開視線處理的要事時，務必先把愛鳥放回籠內。

愛鳥脫逃時的應對方法

就算平常都有留心避免愛鳥脫逃，還是有可能在一個不留神的瞬間，被玄鳳鸚鵡逮到機會溜出家門。

就來想想看遇到這種緊急狀況應該如何應對，才不會因為驚慌失措導致愛鳥再也回不來。

飛出家門的玄鳳鸚鵡會前往何處

雖然也要考量玄鳳鸚鵡飛走的情況，不過若牠們是被什麼嚇到陷入恐慌而飛到外面的話，可能會逃到比想像中更遠的地方。

玄鳳鸚鵡的飛翔能力遠遠超乎我們飼主的想像。

即便抱著稍微亂晃的念頭，有時候一旦乘上氣流，就能在短短幾分鐘之內迅速飛至數公里遠的地方。

實際上，過去就發生過一隻剛斷奶沒多久的玄鳳鸚鵡中雛，在距離住家約4公里遠的多層公寓高樓層被人安置。

另一方面，也有一些寵物鳥雖然趁著窗戶大開好奇地走出家門，最後仍待在附近等主人接牠們回家。

仔細察看愛鳥有沒有停在窗戶上方的排水槽、陽臺的扶手、附近的電線、屋頂等處。除此之外，過去也有愛鳥躲在窗框的縫隙、擋雨空間的案例，所以開關窗戶時要小心謹慎，以免因為愛鳥脫逃一時驚慌，結果力道太大夾傷牠們。

如果是上手鳥，有時候會飛到外面行人的頭或肩膀上。

首先在住家附近持續呼喊玄鳳鸚鵡的名字，毫無遺漏地尋遍每個角落吧。

威脅玄鳳鸚鵡的存在

可能對一時飛出家門的玄鳳鸚鵡造成威脅的存在，不外乎是汽機車、老鷹、貓咪、蛇……除此之外還有各種事物。

在寒冷季節很容易因為冷到無法動彈而被貓咪或老鷹攻擊。或是缺乏野外生活經驗無法順利覓食，最終身體衰弱而亡。

尤其黃化、白化等羽色較淡的個體相當顯眼，容易被掠食者盯上。

尋找走失鳥的對策

先向警察申報寵物走失吧。

可以在警方官網上進行搜尋，察看安置民眾向警方申報的走失鳥。如果長期未有飼主前來認領，即使愛鳥已經被安置，也難保未來不會發生遭到人道處置這種最壞的情況，所以最好及早進行申報。

再來，安置民眾或收到通報的警察人員未必非常了解鳥類。在登記作為失物送來的玄鳳鸚鵡的特徵時，寫錯鳥種或推估年齡的情形並不少見，所以但凡有一點是愛鳥的可能性存在，實際前往確認比較妥當。

此外，自治團體的動物收容中心、醫療院所的網站上，有時也會刊登收容動物的資訊。

走失鳥的傳單

為走失鳥刊登傳單是一個基本的搜索方式。

可以讓附近的住戶、不使用網路的世代一起幫忙留意。

玄鳳鸚鵡走失以後飛到遠處的案例不少，所以不要侷限在住家附近，最好把範圍擴大到鄰近地區等處。

多多利用寵物醫院、寵物店、當地的公布欄張貼走失鳥傳單吧。

此外，愛鳥人士的情報網也不容小覷。建議務必要在網路上的走失鳥安置論壇留下相關資訊。

問題行爲（呼喚、咬人）

以穩重聞名的玄鳳鸚鵡有時候也會出現問題行為。

不如說或許正因為鸚鵡心思細膩，才會扛不住壓力，容易出現問題行為。試著思考一下可能的原因及應對方法吧。

玄鳳鸚鵡透過問題行為想向飼主傳達的事情

聽到愛鳥高聲呼喚雖然覺得吵，還是無條件地做出反應走到鳥籠前，這種行為等同於在訓斥玄鳳鸚鵡。

咬人、呼喚都有箇中原因，從鸚鵡的角度來看，這些行為亦是用來向語言不通的對象表達自己的意見，也就是自我主張的手段之一。

如果因為覺得麻煩而持續忽視這類行為，玄鳳鸚鵡也會感到沮喪難過吧。

在力所能及的範圍內回應

舉例來說，如果呼喚聲大到令人困擾的話，試著教導牠們模仿（口哨、簡單的打招呼等）也不失為一個辦法。

每當愛鳥發出呼喚聲，我們就用曾經教過玄鳳鸚鵡的模仿內容來回應。一開始牠們或許會感到驚訝而沉默不語，不過習慣以後就會樂於用模仿回應了。

至於為什麼這種狀況要用模仿來教導回應比較好，原因在於模仿這項技藝很難操作，音量應該不至於大到會吵到鄰居，飼主本身也可以在離玄鳳鸚鵡稍遠的地方享受聯繫鳴叫（contact call）的樂趣。

教導什麼事情不能做

那麼，關於咬人問題又該如何應對呢？咬人的原因可能是玄鳳鸚鵡想要表達牠們感到厭惡，或者是玩遊戲玩過了頭，過度亢奮才會咬人等等。

除此之外，在雛鳥階段很早離開親鳥及同巢手足身邊的玄鳳鸚鵡，會在缺乏親密接觸的狀態下長大。這也會導致某些個體的溝通技巧不足，遇到厭惡的事情、只是稍微不順心就直接咬人。因為牠們沒有學到「這種力道尚可（輕咬）」、「再大力就無法接受了（咬人）」的界線在哪裡，所以必須好好教導。

咬人行為也跟呼喚一樣，完全忽視並不是一個好的處理方式，話雖如此，倘若被咬的時候激動地大喊：「好痛好痛！」不僅顯得很幼稚，在愛鳥的眼中看來反而會覺得有趣也說不定。

每當愛鳥出現咬人行為，就馬上將其放回鳥籠，屢試不爽。

應該不用多久，牠們就會意識到「咬人的話會發生無趣的事情」。

不過，咬人行為的背後仍有玄鳳鸚鵡特有的咬人原因才對。如果想矯正愛鳥喜歡咬人的習慣，在尋找咬人原因的同時，切勿等到牠們大力咬人才有所行動，也不要放過咬人的徵兆，有原因的話就排除那個原因，「讓牠們不咬人」比較重要。

切莫忽視不理

既然進行體罰並不恰當，那要用什麼方式才能傳達我們不滿的心情呢？

忽視確實能達到相應的效果，但是恐會大大傷害玄鳳鸚鵡細膩的心思。

就以呼喚行為為例，這是玄鳳鸚鵡以前過著群居生活帶來的影響，也是牠們與生俱來的天性。

覺得愛鳥呼喚自己的聲音很吵、很煩而持續忽視牠們，會讓玄鳳鸚鵡萌生「呼喚了也會被忽視＝飼主對我沒興趣」的想法，最終放棄與人溝通的念頭，陷入對飼主感到失望的狀態。一旦發展至此，就得花時間修復彼此的關係。

問題行爲（過度發情）

野生的玄鳳鸚鵡平常棲息在極度嚴苛的大自然，所以發情、生蛋、育雛的頻率貌似落在每年一次左右。

換句話說，牠們每年只有一次機會生養雛鳥。

另一方面，人為飼養的玄鳳鸚鵡又是如何呢？

隨時都有不虞匱乏的飼料供自己享用，環境也整頓得不會太冷、不會太熱，可謂萬事皆備，也難怪愛鳥會認為「差不多可以開始築巢了吧」而陷入容易發情的狀況。

如果本身是上手鳥的話，情況又更加嚴重了。愛鳥與飼主及其家人接觸的次數越頻繁，刺激發情的機率就越高。

野外的玄鳳鸚鵡會在繁殖條件齊備時形成配偶關係，開始出現與伴侶梳理羽毛的親密行為。

這些行為會刺激發情，自然地順著交配→生蛋→孵蛋→育雛的流程發展。

身為上手鳥的玄鳳鸚鵡不光是頭部，全身上下都有被人類頻繁碰觸的機會。

這些縱恣的親密接觸也會成為過度發情的肇因。

頻繁發情衍生的問題

若為母鳥

- 因為發情而變得有攻擊性，欲求不滿也是引發啄羽症等的原因。
- 過度發情導致反覆生蛋，恐會引起卵阻塞、缺鈣症、泄殖腔脫垂等等。

若為公鳥

- 過度發情而變得有攻擊性，欲求不滿也是引發啄羽症等的原因。
- 反覆進行交配，導致泄殖腔附近容易出血。
- 慢性過度發情導致睪丸持續處於發熱狀態，容易形成腫瘤等等。

如何抑制過度發情

玄鳳鸚鵡每年發情一、兩次屬於正常生理現象，可一旦頻繁發情的狀況未見消停，就會引發前述的各種健康問題。

想讓愛鳥健康長壽的話，最好不要讓牠們毫無節制地發情。所以不妨思考看看，該怎麼調整飼料及環境等來抑制頻繁發情。

減少高熱量、高脂肪的飲食

除了作為主食的滋養丸、穀物種子，還頻繁餵食脂肪含量高的堅果、高糖分水果的話，玄鳳鸚鵡會變得越來越胖。

肥胖也是導致發情的原因之一，所以要極力減少非主食或必要副食的點心。

縮短日照時間

與人共同生活的玄鳳鸚鵡暴露在明亮場所的時間容易過長。太長的日照時間恐會擾亂鸚鵡的發情週期。

最理想的狀況是飼養環境配合日落時間一起變暗。其餘時間最好用高遮光性的罩布蓋住鳥籠，打造陰暗靜謐的時光供愛鳥充分休息。

注重季節更迭

雖然使用空調控管飼養環境也很重要，但是過度保護會引發問題。

玄鳳鸚鵡也是容易在溫暖季節發情的動物。留心避免過度保溫，冬季還是要有冬季的感覺，把溫度提升到玄鳳鸚鵡不會蓬羽的程度即可。

不要頻繁碰觸頭部以外的身體

隨意碰觸鸚鵡的身體會刺激發情。

雖然玄鳳鸚鵡本身可能很喜歡被人碰觸，但是那也會變成愛鳥減壽的原因之一，請多加留意。

問題行爲（玄鳳鸚鵡恐慌）

常有人說玄鳳鸚鵡天生懦弱膽小。

接下來要介紹幾個充分體現了玄鳳鸚鵡這種高敏感度的真實故事。

因爲光線陷入恐慌

曾經發生過職業攝影師在拍攝玄鳳鸚鵡的時候，鳥被閃光燈嚇到，結果心臟病發致死的意外。

那隻玄鳳鸚鵡並非作為上手鳥養大，而是基於繁殖目的平常養在後院的親鳥。這是一起處在陌生環境、被陌生的工作人員包圍，承受不住閃光燈衝擊的慘痛意外。

因爲聲音陷入恐慌

這件事發生在整家人幾乎都出門在外，屋內鴉雀無聲的午後。有支原子筆「啪」地一聲從鳥籠旁邊的餐桌滾落到木地板上，玄鳳鸚鵡被那聲響嚇到瞬間陷入恐慌。

那隻玄鳳鸚鵡在狹窄的籠內瘋狂暴走，不但折損了翅膀上的飛羽，撞到鳥籠及飼養用品時斷裂的羽軸也大量出血，需要在醫院裡接受治療。

因為震動陷入恐慌

據說311大地震過後，送到某間小鳥醫院的陪伴鳥絕大多數都是玄鳳鸚鵡。

此外，某隻玄鳳鸚鵡因為地震晃動陷入恐慌暴走時，翅膀卡在鳥籠的金屬網上，結果恐慌症狀越發嚴重，甚至把翅膀弄到骨折了。

因為接觸物體陷入恐慌

在鳥籠頂部吊掛小鳥用玩具沒多久，到了晚上，昏昏欲睡的玄鳳鸚鵡準備入眠之際，那個玩具碰到牠的背部掉下來，使其陷入恐慌從棲架上摔落。

那隻玄鳳鸚鵡幾乎鑽到了棲架底下，還激動萬分地不停掙扎，所以飼主將其取出鳥籠，放進小型外出籠試圖讓牠冷靜下來。結果，牠在狹窄的籠內再度陷入恐慌而暴走，肩膀出血之外翅膀也脫臼了。

因為看見天敵陷入恐慌

某天，飼主發現玄鳳鸚鵡發出異樣叫聲在籠內暴走。

雖然飼主馬上過來關心，愛鳥的恐慌依舊不見好轉，正當他納悶原因為何，目光飄到放置鳥籠的窗外時，這才發現那邊有隻流浪貓在庭院圍牆上盯著玄鳳鸚鵡看。

預防玄鳳鸚鵡恐慌

從這幾個列舉的案例亦能看出，無論在多麼穩定安靜的環境飼養玄鳳鸚鵡，要完全迴避掉玄鳳鸚鵡恐慌依舊困難。

為了避免驚動玄鳳鸚鵡，追求過於靜謐的環境也不是好辦法。

會帶著玄鳳鸚鵡參展的愛鳥人士當中，有些飼主是透過在禽舍安裝小燈泡，營造並非完全黑暗的環境，夜間還會小聲地撥放收音機的聲音，藉此預防鳥兒陷入恐慌。

再來，為了防止輕微的恐慌演變成重大意外，保持籠內整潔也很重要。

如果狹窄空間內堆滿了玩具等物，當玄鳳鸚鵡陷入恐慌暴走之際很容易受到二次傷害。

還有，愛鳥陷入恐慌的時候，飼主本身切莫驚慌。當我們表現出異於平常的模樣大聲嚷嚷，有時反而會讓愛鳥的情緒更加激動。

不妨用溫柔的語氣對著處於恐慌狀態的玄鳳鸚鵡說「沒事唷」，若為上手鳥的話，可以把愛鳥放出籠外好好安撫一番。

COLUMN

黏人鸚鵡養成法

為了成為心愛的玄鳳鸚鵡心中最棒的摯友或伴侶，我們得用心理解、接納玄鳳鸚鵡那顆宛如玻璃脆弱的心。

鸚鵡很聽話？

應該有很多人是對影片分享網站上多才多藝又愛撒嬌的玄鳳鸚鵡心生嚮往，因而踏入博大精深的玄鳳鸚鵡世界。

有些玄鳳鸚鵡會奮力灌籃，有些玄鳳鸚鵡講話快得像饒舌。這些多才多藝的鳥像極了披著玄鳳鸚鵡外皮的人類。

您是否想過對於那些玄鳳鸚鵡來說，究竟什麼才是牠們學習才藝的動機？

因為牠們是擁有發達頭腦與罕見才能的天才型玄鳳鸚鵡嗎？還是因為在牠們的內心深處，一心只想和飼主變得更加親暱呢？

與小孩子當朋友的感覺

如果想和玄鳳鸚鵡變得更加親密，抱著與幼兒當朋友般的距離感與之互動，說不定會超乎想像地順利唷。

舉例來說，可以運用玄鳳鸚鵡疑似感興趣的玩具，在牠們面前賣弄似地展現「哇，這個玩具太好玩了吧」之類的態度，用略顯誇張的反應自得其樂地玩給愛鳥看。

尤其年輕的玄鳳鸚鵡更是充滿了好奇心，即便一開始只會遠遠地觀望，牠們還是有對那個玩具產生興趣才對。

遇到瓶頸先退一步再說

如果想教導玄鳳鸚鵡才藝的話，千萬不可以化身為虎媽虎爸鍥而不捨地逼愛鳥反覆練習。

被旁人逼著做自己不想做的事情、沒有興趣的事情，玄鳳鸚鵡也會覺得煩躁不已，甚至萌生想要逃離的念頭。

這種時候不妨反其道而行，故意擺出對愛鳥毫不關心的態度也有奇效。

可以獨自或找家人愉快地玩耍，即使玄鳳鸚鵡湊過來也要裝作不太在意，展現玩得很投入的畫面。如此一來，玄鳳鸚鵡見狀就會想和家人一起玩耍，迫切地用推落物品、鳴叫呼喚這類行為吸引我們的注意才對。

此時正是大好機會。享受把說話、才藝當作遊戲的樂趣，一步一步地教導玄鳳鸚鵡吧。

教導細節時，有點心的話效率也會事半功倍，不過為了看見您喜悅的笑容，玄鳳鸚鵡也會認真努力吧。

● 把呼喚也納入遊戲的一環

我們家的玄鳳鸚鵡一有空就會不停呼喚，完全靜不下來——會這樣抱怨的飼主當中，似乎還有不少人因為持續忽視仍遏止不住呼喚行為感到苦惱。

呼喚正如其名，無非是愛鳥尋求同伴時發出的叫聲。忽視無法解決問題，先從回應牠們的呼喚聲開始做起吧。

雖然「聯繫鳴叫」源自於鳥類呼喚同伴、進行溝通的習性，不過我們也可以將其運用在自己與愛鳥之間的關係。

當愛鳥發出「啾——！」的呼喚時，不妨用短語或聲音回應牠們。

就和人類一樣，與玄鳳鸚鵡溝通交流的第一步也是「打招呼」。

先透過這種方式拉近彼此的距離，再來就是養成揣摩愛鳥心情的習慣。

如此一來，就會逐漸貼近愛鳥的心情，只要能夠用簡單明瞭的方式向玄鳳鸚鵡傳達自己喜悅的心情、失落的心情，想必就能和愛鳥變成人人稱羨的神仙眷侶。

PERFECT
PET
OWNER'S
GUIDES

Chapter 8

繁殖

繁殖是飼養陪伴鳥的樂趣之一。愛鳥生蛋、孵蛋、拚命拉拔雛鳥長大的模樣令人動容，帶給見證者無比深刻的感動。

不過，由於牠們並非野鳥，切勿隨便把剛出生的雛鳥帶離親鳥身邊。飼主有義務對來到世上的新生命負起全責，慎重且有計畫地進行繁殖才是正道。

進行繁殖以前必須考慮的事情

進行繁殖以前，應該先考慮幾件事情。

也要顧及親鳥的健康狀況

親鳥歷經千辛萬苦生蛋、孵蛋、養育雛鳥，過程如同在賭命一般。如果把巢箱放在鳥籠裡面擱置不管，無所限制地放任配偶進行繁殖行為的話，在飼料充裕的飼養環境下親鳥一年可能會生好幾次蛋，導致其壽命縮短。

繁殖最好選在春季或秋季，一年最多不要超過兩次，還要顧及親鳥的健康狀況，有計畫地進行繁殖比較好。

親鳥放棄育雛的風險

從蛋裡孵化的雛鳥當中，也有生來就身體孱弱的個體。再來，孵化的雛鳥也未必都會在親鳥身邊健康長大。

可能雛鳥天生就帶有重大的殘疾或疾病，即便是健康沒有問題的雛鳥，有時候仍會碰到出於某些原因中途放棄育雛的親鳥。

萬一發生了親鳥放棄育雛的狀況，其飼主或許得代替親鳥24小時全天無休地照顧剛出生的雛鳥。

飼養數量增加帶來的負擔

從蛋裡孵化的雛鳥不用多久就會迎來離巢的時刻。

為了避免近親交配，即便是親子或同巢手足的關係，也要及早幫公鳥與母鳥進行分籠。

再來，一旦飼養的玄鳳鸚鵡數量增加，除了飼料消耗量會根據鸚鵡數量有所提升，也要開始準備安置新鳥籠的空間。此外，鳥口眾多也會使傳染病傳播的風險提高。

幫雛鳥找新主人

倘若是以將來會釋出雛鳥為前提進行繁殖，出生後2～3週就要把雛鳥從巢箱取出進行人工飼養，以哺餵的方式拉拔長大。

這是因為如果在雛鳥斷奶以前全權交由親鳥撫養，恐會使牠們對人手感到懼怕，培養出不適合上手的亞成鳥。

再來，如果是透過親友介紹已經找到雛鳥未來的主人，基本上不會有什麼問題，不過繁殖的雛鳥越多，要找到值得信賴的新主人的難度就越高。

雖然有越來越多人會利用愛鳥人士雲集的網路論壇徵求認養，不過仍無法免除遇到沒有同理心的發文者、假意認養的壞人等等的風險。

根據日本的動物愛護管理法，基本上除了動物經營業者之外，民眾不得利用雛鳥等動物進行以營利為目的的有償讓與。也不能向新主人求取至今以來所花的飼料費及健康診療費。＊禽鳥類動物的購買問題，請參照所在地相關法規。

如果想要進行有償的轉讓，必須先登記成為動物經營業者。

有些基因不適合配在一起

千萬不能為了滿足好奇心試圖培育喜愛的羽色，催生出不應誕生的生命。如果想透過繁殖培育理想中的品種，不妨加入熱中此道的團體等，充分學習以後再著手進行。

適合繁殖的個體

繁殖對親鳥造成的負擔也很大，所以最好透過身體成熟的健康年輕（最好是2～4歲）親鳥來進行。

這種鳥不適合

- 近親交配誕生
- 感覺有肥胖問題
- 剛進行過繁殖或生蛋
- 多次生蛋或築巢失敗
- 罹患遺傳性疾病
- 未成熟（不到1歲）
- 高齡（5歲以上）

上手鳥的繁殖

對相當親人的上手鳥來說，自己的伴侶就只有飼主一個人。面對抱有這種想法的玄鳳鸚鵡，因為怕牠感到寂寞而突然帶一隻異性鳥回來試圖湊對，馬上就成功的案例也很罕見，甚至有可能變成爭搶飼主寵愛的情敵。

因為這層緣故，成為配偶需要花很多時間，再加上與人類較為親近，使牠們對籠外的世界更感興趣等等，能上手的玄鳳鸚鵡要進行繁殖會比非上手鳥的個體稍微難一些。

如果幸運地跨越重重困難，順利讓能上手的玄鳳鸚鵡共結連理，也會無可避免地面臨到原本一心專注在飼主身上的愛鳥把關愛分給伴侶的狀況。

如此一來，雖然將來的繁殖成功率有所提升，卻不能期待愛鳥仍保有以往那樣無比親暱的態度。

再來，如果單獨生活的時期太長，愛鳥發情的對象從人類擴及到飼料盆、鞦韆、棲木等「物品」的案例也不少。

飼養用品一旦變成發情的開關，即使後來找到伴侶，有時仍無法成功繁殖。

雖然上手鳥在繁殖方面存在這些問題，牠們還是擁有好幾個上手鳥特有的優點。

比方說，上手小鳥對人的戒心很低，比較少發生因為巢箱被窺伺而害怕到輕易放棄築巢的狀況。

能夠在更近的距離察看牠們育雛的模樣。

帶成對的鸚鵡回家

如果想體驗繁殖的樂趣，與其向專賣店或繁殖業者選購上手鳥，把原本感情就很好的亞成鳥伴侶（配偶）帶回家是比較快的做法。

如果可以得到已有育雛經驗的配偶，即使飼主是第一次進行繁殖，成功率還是很高。

此外，有時也能透過基因得知生出的

雛鳥花色及性別。

繁殖的流程

選在春季或秋季進行繁殖

只要條件齊備，玄鳳鸚鵡隨時都有可能生蛋，但是冬季的嚴寒不利於孵蛋、育雛，而梅雨季及夏季期間高溫多濕，不僅是親鳥體力跟著下降的時期，巢內也會形成壞菌容易增殖的環境。繁殖計畫最好訂在春季、早秋這種容易生活的時期。

給予高脂肪食物刺激發情

繁殖期間需要大量的營養。確認到交配行為以後就要安裝巢箱，除了平常餵食的飼料，蛋糧及滋養丸也要換成繁殖期間用的配方。

如果是以穀物種子為主食的玄鳳鸚鵡，鈣粉、墨魚骨、青菜等用於補充維生素及礦物質的副食，在這個時期一概不能缺少。再來，雛鳥從蛋裡孵化以後，親鳥加上雛鳥的數量會使飼料的消

耗量增加。如果疏於補充，雛鳥及親鳥恐會因此殞命。

事先準備雛鳥用人工飼料

即使雛鳥成功地從蛋裡孵化了，首次進行繁殖的配偶、神經質的親鳥仍有可能發生無法順利照顧雛鳥，甚至於完全不照顧雛鳥的狀況。

擱置不管會導致雛鳥餓死，所以一旦發現雛鳥似乎沒有得到親鳥餵養，就要將其從巢箱取出開始進行人工哺餵。不妨事先備好雛鳥的育雛用奶粉及餵食針筒。

生蛋

玄鳳鸚鵡每隔一天生1顆蛋，一共會生3～6顆蛋。孵蛋期間以22天左右為基準。有時候在生完前2～3顆蛋以前，親鳥都不會進行孵蛋，一般認為牠們是透過這種不加溫的方式來調整孵化時機。

這段期間，如果母鳥蹲踞時表現出痛苦的模樣，有可能是卵阻塞（卡蛋）。馬上把母鳥單獨隔離到小型鳥籠，加溫到32℃左右。如果用這種方式在幾個小時內順利生蛋，母鳥就會恢復精神，不過若是進行保溫仍不見生蛋跡象，看起還是很痛苦的話會有生命危險，所以最好送去動物醫院進行診療。正常生蛋不僅需要適當的保溫，更不能缺乏鈣質及維生素D。

孵化

當雛鳥從經過親鳥輪流加溫的蛋中孵化，巢箱內部就會開始忙碌起來。豎起耳朵聆聽的話，會聽到雛鳥發出陣陣微弱的鳴叫聲。如果頻繁窺看巢箱，親鳥為了保護雛鳥會進行威嚇。當牠們覺得抵抗毫無效果，恐會主動放棄育雛。為了避免發生這種情況，必須努力保持環境安靜，讓親鳥可以安心在籠內生活。

親鳥不照顧雛鳥的時候

雛鳥受寒親鳥卻沒在照顧的時候，先暫時把雛鳥從巢中取出，用手掌稍微加溫以後再悄悄地送回親鳥身邊。有時這樣做會讓親鳥再回頭照顧雛鳥。

雛鳥的成長

- **孵化後半天：**覆著胎毛的狀態，眼睛也尚未睜開。

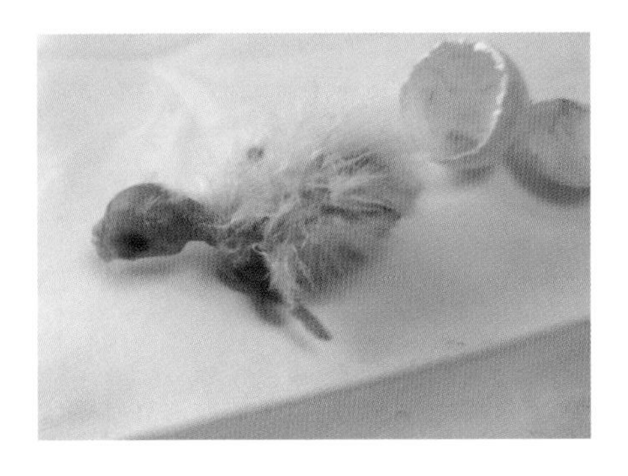

- **孵化後1週：**翅膀開始長羽毛。

- **孵化後2週：**全身的針羽逐漸長齊。巢內還有蛋的話要移除。

- **孵化後3週：**慢慢有玄鳳鸚鵡的模樣。如果要訓練上手，可以用一天4次左右的頻率開始哺餵。

- **孵化後4週：**雛鳥開始窺伺巢箱外面。

- **孵化後5～6週：**離巢。從巢中輕輕取出還沒出巢的雛鳥。

離巢中雛的飲食

剛離巢的中雛有時候會受到親鳥催促離巢的攻擊，因此，最好把牠們與親鳥分籠飼養。剛離巢的中雛也正值最脆弱的時期，可以移除金屬底網，除了倒在飼料盆也撒一些飼料到底部，確認牠們有乖乖撿起來吃、好好大便之餘，也要定期確認體重是否有在順利增加。還是擔心的話，不妨連續兩個月一天哺餵1次比較放心。

想把玄鳳鸚鵡雛鳥培育成超親人上手鳥的時候，要在雛鳥出生後3週左右帶離親鳥身邊，開始進行人工育雛。

在此之前很難全面顧及雛鳥，所以盡量交由親鳥撫育為佳。

如果是親鳥主動放棄飼養等原因，必須在出生後不到2週進行人工育雛的狀況，準備一臺專用的培養箱（恆溫保溫箱）會比較放心。

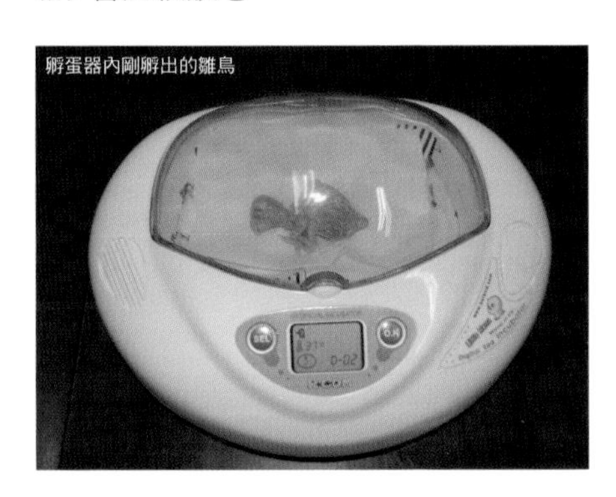
孵蛋器內剛孵出的雛鳥

哺餵的方法

基本上使用奶粉

按照說明書標示用熱水溶解雛鳥用綜合營養食品（幼鳥專用奶粉），將其作為哺餵食品。使用的熱水溫度及濃度也是以說明書為準。

用滾水溶解奶粉的話不僅會破壞維生素，還會使部分成分糊化到難以消化，進而導致消化不良，所以務必以適溫進行溶解。在濃度方面，需配合雛鳥的成長階段從偏淡慢慢調整到偏濃。

以熱水溶解之際，請使用攪拌匙等工具確實攪散以免奶粉結塊，直到接近玄鳳鸚鵡體溫的40～42℃適溫再進行餵食。

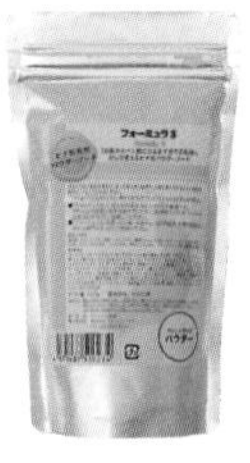

混合蛋黃粟的時候

市售的蛋黃粟（雛鳥用無殼粟加蛋黃等混合而成的飼料）養分不夠，不適合作為玄鳳鸚鵡雛鳥的主食。

添加搗碎的綜合維生素劑及青菜再餵食也是一個方法，但是程序費時費工，而且無法像奶粉那樣保存，也很難達成營養均衡。

不過，如果購買雛鳥的繁殖業者或店家過往是餵食蛋黃粟，有時也會發生雛鳥拒絕喝奶的狀況，此時不妨加少許蛋黃粟到奶水中調合，使其漸漸習慣哺餵食品的味道。

據說在這種情況下，倘若奶水所含的蛋黃粟比例太高，不僅會使雛鳥得不到成長所需的營養，消化奶粉與蛋黃粟的時間差還會導致消化不良，所以必須特別注意。

把蛋黃粟加進奶水之前，最好先花個幾分鐘用超過60℃的熱水另外泡軟蛋黃粟。

充分泡軟之後冷卻至適溫，再與奶水混合。

如果用熱水溶解以後馬上餵給雛鳥吃，不僅會難以消化，還有嗉囊燙傷的風險，所以務必要多加留意。

雛鳥的週齡與照顧

出生後2週以內的雛鳥

由於羽毛尚未長齊，所以仍需要較高的保溫措施。

飼養正值這段時期的雛鳥同時需要豐富的經驗與知識。

使用能夠保溫的飼養箱來培養，飼養環境常保33℃左右。奶水一開始要調淡一點（類似開胃湯品的濃度）。如果牠們不願意透過湯匙取食，不妨用指尖輕輕抬起上嘴喙，一點一滴地慢慢灌進去。

倘若無論如何都沒辦法順利餵食，可以使用餵食針筒直接把奶水灌入嗉囊。

餵食次數需要衡量嗉囊內部的狀態，以間隔2～3小時為主。如果是食量比較小的雛鳥，就必須提高餵食的次數。

如果嗉囊內部看起來還有奶水，可以使用滴管餵一點點極淡的奶水或放涼的開水，輕柔地按摩食道附近以促進消化。

出生後3～4週的雛鳥

餵奶的次數為日出至日落期間一天4～5次。每次都要確認嗉囊內部的食物是否確實消化完畢，並使用以熱水消毒過的器具餵食流質的雛鳥專用溫奶水。

飼養環境最好常保30℃左右。只要在這段時期細心照料，將來就可以養出一隻親人可愛的陪伴鳥。

同時育養多隻雛鳥的話，牠們會用體

溫互相取暖，有利於保溫。

出生後5～6週的雛鳥

離巢以後就是開始轉換成自主進食的時期。雖然餵奶的次數已經大幅降低到早晚1～2次，但是切莫掉以輕心。在剛進入自主進食的這段時期，雛鳥的體重可能會下降。

親鳥哺育頻率逐漸降低的亞成鳥階段也是很容易夭折的時期，所以要確認牠們有沒有主動吃飼料、保溫條件是否完善。

如果在這段時期每天兼作親密接觸陪牠們玩耍，將來會變成親人的上手鳥。這段時期也是開始學飛的階段，所以要充分留意窗戶的開關，以免發生劇烈衝撞或摔落等意外。

出生後1～2個月

哺餵期間較長也是玄鳳鸚鵡的特徵。

儘管外觀上已經是一隻挺拔的玄鳳鸚鵡成鳥，還是會表現出嗷嗷待哺模樣的話，維持一天哺餵1次的習慣比較放心，也有助於加深彼此的信賴關係。

等到出生後1個月再和雛鳥玩耍

雛鳥就像人類的嬰兒，平常吃飽睡、睡飽吃。牠們還沒有足夠的精力與人玩耍，隨意碰觸會使其體力消耗、身體衰弱。哺餵就是對雛鳥來說最棒的親密接觸暨溝通方式。餵完奶以後，最好讓牠們待在溫暖陰暗的環境好好休息。

不願意喝奶的時候

玄鳳鸚鵡對於環境變化相當敏感。當牠們對飼養環境、飼養者變動感到無所適從，有時候會不願意喝奶。此時，首先要確認奶水的溫度是否合宜。奶水涼掉不僅可能導致消化不良，還會讓雛鳥抗拒喝奶。

接下來要檢查奶水的濃度是否合宜，不妨再確認一次說明書。

雛鳥本身保溫不夠也會影響食欲。

食量少的話可以用餵食次數來補，彼此漸漸習慣這種模式的案例也很常見，不過絕食還是很危險。放心不下的話，不妨帶去給熟習鳥類的獸醫生進行健康檢查，順便請教哺餵的訣竅。

COLUMN

繁殖業者分享繁殖的魅力

三塚由美子小姐

10年前左右有一則新聞：「迷路的玄鳳鸚鵡在安置處説出地址，平安無事地回到了飼主身邊。」以前我總認為牠們不過就是「形似鴿子頭上長冠的鳥」，突然之間對其產生了很大的興趣，這就是我開始飼養「玄鳳鸚鵡」的契機。

透過電腦查資料的時候，我逛到某個繁殖業者經營的網站，上面有隻玄鳳鸚鵡的花色美麗動人，一見傾心的我馬上打電話過去詢問。雖然很不巧地得知已經售出，不過聽到價格要25萬日幣嚇了我一跳。就算當時還可以買，我也實在買不下去。既然如此，不如自己來培育這種花色好了——此即我踏入繁殖領域的動機，而我也分到了一隻帶有那種美麗花色基因的雛鳥。

我把養玄鳳鸚鵡的事情和愛狗的主婦朋友們分享，可是大家的反應不如預期，還説了些「鳥不是帶有會傳染給人類的疾病嗎？」這種潑冷水的話。

從那以後，我再也沒有把養玄鳳鸚鵡的事情掛在嘴邊。後來，主婦朋友時不時地調侃我：「玄鳳鸚鵡過得如何呀？」「是不是數量增加很多啦？再過不久就會多到站滿你的手臂、肩膀、頭頂了吧？」但是我至今都沒有向她們坦白，其實已經增加到站滿全身都還不夠

站的狀態了（笑）。

無處分享的自抑，使我一整天都在看網站或專門書籍的圖片、到處瀏覽分享飼養及繁殖知識的部落格，沉醉於研究玄鳳鸚鵡的樂趣之中。

因為身邊也沒有可以請教遺傳、育雛方法等等的夥伴，我只能靠自己實際操作，根據網路及書本的知識不斷試錯，終於研發出現在的飼養模式。當時看了很多國外美麗的玄鳳鸚鵡，這也對於現在的繁殖大有幫助。

除了培育玄鳳鸚鵡，我同時也有在進行繁殖犬隻的作業，而犬界有一個詞叫做「狗舍盲目（kennel blindness）」。這個概念是指將自己繁殖的犬隻視為完美無瑕的最高傑作，無法給予客觀的評價，最終落到停滯不前的境地。犬界有所謂的標準（breed standard），是專為不同犬種設定的繁殖指標，標準是該犬種的理想模樣，所以相當於繁殖領域的「指南」。狗展就是根據標準進行審查，一旦偏離標準太多就會被視為缺點。

玄鳳鸚鵡界也有這種標準。在原產國澳洲以及美國，有針對冠羽至尾羽應該呈現何種形狀訂定標準，還會舉辦玄鳳鸚鵡展。

想要培育優秀的玄鳳鸚鵡，了解其骨骼是一大重點。如果該個體具備的骨骼長度及角度適當端正，不僅拍動翅膀的模樣看起來雄壯優雅，停在棲架上的姿態也會顯露出英挺的背部線條、豐滿的胸部，以及翅膀完美貼合身體曲線的傲人輪廓。

從肋骨到龍骨的圓潤身體是供其中內臟充分發育的空間，而肌肉具有支撐這些內臟處於正確位置、輔助器官運作的功能。鳥類的肌肉透過飛翔而發達，由此可知營造一個能夠飛翔的環境至關重要。

身體均衡發展的話握力也會變強，強健的握力又有助於維持正確姿勢等等。美麗勻稱與身心健全似乎有著密不可分的關係。

我認為繁殖業者的「感性」和標準一樣會對繁殖帶來巨大影響，所以我也會督促自己多看一些玄鳳鸚鵡以外的各種美麗生物。

希望正確理解鳥兒的人、玄鳳鸚鵡愛好者越來越多，我也會時刻努力培育文雅又可愛的玄鳳鸚鵡。

繁殖的初衷是YF
黃化華勒

Chapter 9

關於遺傳

山崎動物護理大學教授　島森尚子

了解遺傳原理

鳥類的羽色遺傳好難懂……話雖如此，如果您有考慮挑戰「繁殖」的話，學習遺傳知識會帶來很大的優勢。即便是不打算進行繁殖的飼主，習得遺傳知識應該也有助於深入了解愛鳥的特徵。舉例來說，雖然玄鳳鸚鵡的公母鳥在花紋上本就有所差異，但是也有一些品種無法用羽色來分辨公母。也就是說，當我們看到公鳥的特徵如橘色腮紅、母鳥的特徵如尾羽背側的花紋等等全部消失的異色種，沒有辦法透過外觀加以區分。了解這些狀況為什麼會發生，說不定對愛鳥的喜愛會更深一些呢。

如果有心繁殖，遺傳知識必不可少。作為寵物鳥的玄鳳鸚鵡其基因庫有限，為了讓後代子孫長年綿延興盛，必須迴避可能衍生出問題的配對。不只要了解什麼樣的配對會造就什麼樣的異色，認清在遺傳方面不利的基因配對也有助於迴避這些狀況，守護好玄鳳鸚鵡後代的健康。

羽色的科學

鸚形目鳥類的顏色是由兩組色素、羽毛構造在干涉作用下產生的顏色（結構色）所組成。前者包括產生黑色至褐色的黑色素（melanin），以及產生黃色、橘色、紅色的鸚鵡色素（psittacofulvins），分別位於不同的部位（圖1）。也就是說，鸚形目鳥類的羽毛只有黑色、褐色、黃色、橘色、紅色的色素。那麼，為什麼會有藍色或綠色的鳥呢？原因在於羽毛的構造。夾在髓質（medulla）與皮質（cortex）之間的雲細胞層（cloudy layer）發生光干涉現象，改變了我們眼中所見的顏色。

我們眼中所見的顏色皆為物體反射回來的光。圖2所示為我們看到綠色羽毛的原理。黃色的鸚鵡色素位於最外側的皮質，黑色的黑色素位於髓質。雲細胞層位於兩者中間，由於光干涉現象產生了藍色的結構色。當表面反射的黃色與結構色的藍色反射疊合在一起，就會形成我們眼中所見的綠色。

如果是缺乏鸚鵡色素的情況，羽色有受到雲細胞層干涉會呈現藍色，未受到干涉就會呈現黑色素的顏色。原生種玄鳳鸚鵡的身體大部分呈現灰色，也就是黑色素的顏色，所以皮質不含鸚鵡色素（實際上某些部位仍有淡黃色的色素），會轉變成藍色結構色的雲細胞層也沒有發揮作用（圖3）。

另一方面，頭部的黃色、橘色鸚鵡色素會直接發色。雖然玄鳳鸚鵡有各種異色品種，不過這些原生種玄鳳鸚鵡本來沒有的羽色，都是利用各種相關基因的變化產生退色現象培育而成。

（1）

髓質（黑點為黑色素，白圈為液胞）
雲細胞層（光干涉）
皮質（這裡有鸚鵡色素）

（2）

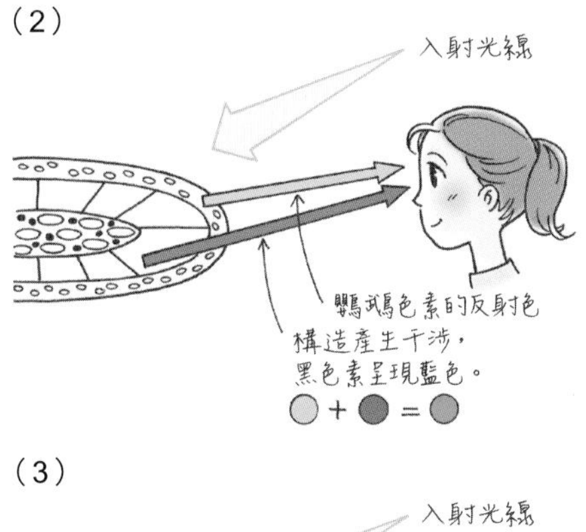

（3）

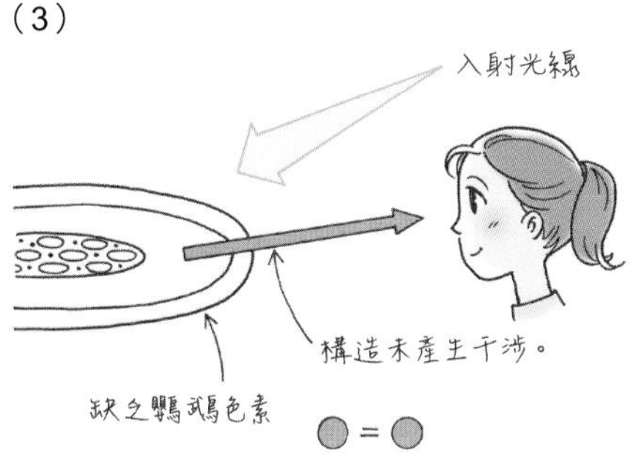

玄鳳鸚鵡的羽色與遺傳法則

近年來，針對鸚形目的羽色遺傳研究展示了令人驚豔的成果。根據2003年出版的《鸚鵡顏色突變暨遺傳學指南》（A Guide to Colour Mutations and Genetics in Parrots）所述，玄鳳鸚鵡有16個異色品種（繁殖地區為當時的資料。如今應該已經有更多品種引進到日本）。下表是我以《鸚鵡顏色突變暨遺傳學指南》收錄的表為基礎稍微添筆而成，敬請參考。

玄鳳鸚鵡的異色品種名稱對照表

基因名稱	通稱	繁殖地區
藍化（Blue）	白面	全球
部分藍化（Parblue）	帕斯多（蠟面）	全球
性聯遺傳黃化（Sex-linked Lutino）	黃化	全球
性聯遺傳白金（Sex-linked Platinum）	白金	澳洲
體染色體遺傳黃化（NSL Lutino）	體染色體遺傳黃化	歐洲
肉桂（Cinnamon）	古銅	全球
稀釋突變1（Dilute Mutant 1）	蠟銀	澳洲
稀釋突變2？（Dilute Mutant 2？）	閃銀	澳洲
顯性稀釋（Dominant Dilute）	顯性銀	歐洲、美國
淡化（Faded）	西岸銀	澳洲
蒼白華勒（Ashen Fallow）	隱性銀	歐洲、美國
青銅華勒（Bronze Fallow）	華勒	歐洲、美國
蛋白石（Opaline）	珍珠	全球
ADM派特（ADM Pied）	隱性派特	全球
黃面（Yellow Face）	黃面	歐洲、美國
擴散黃？（Suffused Yellow）	綠寶石	美國

「？」為現階段還有討論空間的基因名稱。

實際的異色品種大多是將數個表中的基本異色基因加以組合培育而成。在說明具體的品種之前，先來了解遺傳知識吧。

首先，請試著回想國中學到的孟德爾遺傳法則。遺傳有幾個如下所示的基本法則。

❶顯性法則

顯性基因與隱性基因同時存在時，只有顯性基因的性狀會表現出來。

❷分離律

親代成對的基因形成配子時必定會分離。

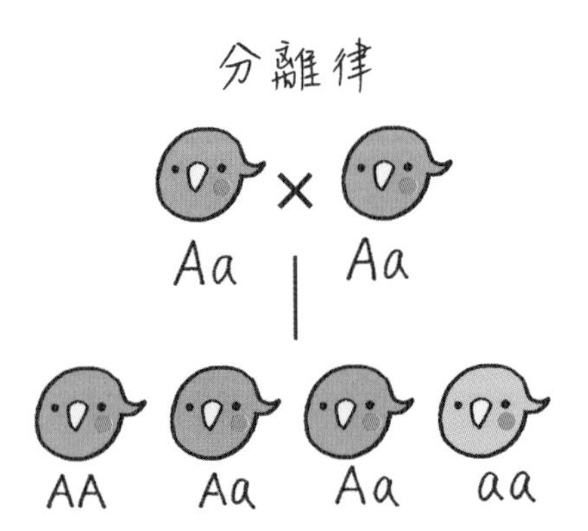

❸獨立分配律

每種性狀獨立遺傳。F2的表現型比例為9:3:3:1。不過，還是有例外。

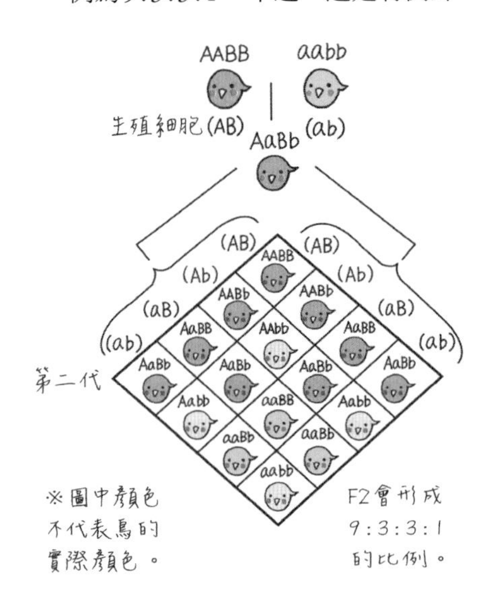

接著，也來了解何謂性聯遺傳吧。

● 性聯遺傳

性染色體上有完全相反的基因。可簡寫成SL（sex linkage）。鳥類的性染色體為ZW型，ZW為雌性、ZZ為雄性。而且性聯遺傳基因容易在母鳥身上表現，公鳥要同時從雙親身上繼承才會表現。

玄鳳鸚鵡的羽色基本上是根據上述法則單獨或組合產生。表中的基因名稱是幫基因命名的名稱，這些名稱也有用在其他動物身上。運用這些名稱，我們得以大致理解虎皮鸚鵡、桃面愛情鳥，乃至於鳥類以外的動物如貓、狗會產生異色的原理。

然而實際上，寵物鳥的異色品種多在基因研究不如現在進步的時代培育出來，通稱（俗稱）由當時的繁殖業者、小鳥商或愛鳥人士加以命名，從古通用至今。愛鳥俱樂部訂定的異色品種當中亦有不少採用通稱的案例，例如澳洲國家玄鳳鸚鵡協會（Australian National Cockatiel Society）是使用像「白面（藍化）」這種方式，在通稱後面的括號中放入基因名稱並列。

雖然大家應該對於何種表示法比較好各有意見，不過考量到泛用性的話是基因名稱勝出，在能充分描述外觀的部分則是通稱更好懂。白面顧名思義就是臉部呈現白色的變異，從「藍化」二字完全無法想像。不過，其遺傳原理就跟虎皮鸚鵡等其他鸚形目的藍化一樣。我認為兩者都是必要的資訊，所以本書會採用「通稱（基因名稱）」這種並列方式。

玄鳳鸚鵡的異色品種不同於其他鸚形目鳥類，樸素、典雅又微妙的配色為其特徵。為什麼會產生這種狀況呢？玄鳳鸚鵡在分類學上屬於鸚形目鳳頭鸚鵡科，而該科的鳥類羽色有個異於其他鸚形目鳥類的特徵——包覆全身的羽毛主色並非綠色。玄鳳鸚鵡原生種的羽色是由或深或淺的灰色、白色及褐色構成，剩下就是部分呈現橘紅色、黃色的部位，不像其他鸚形目鳥類帶有鮮艷的綠色、紅色或黃色。紅色及黃色來自於鸚形目羽色獨有的鸚鵡色素，此為需要攝取某種類胡蘿蔔素產製的物質，但是玄鳳鸚鵡的身體大半都是黑色素，只找得到部分黃色與紅色的鸚鵡色素。異色就是顏色「脫離」原生種表現型產生的變化，所以不可能培育出比原生種需要更多色素作用的綠色或藍色玄鳳鸚鵡。

再來，玄鳳鸚鵡的原生種具有能從羽色分辨公母的特徵。雖然公鳥具有橘色腮紅，不過母鳥的腮紅呈現帶灰的顏色。而且母鳥在尾羽背側還擁有頗富特色的花紋，任何人都可以輕易分辨公母。像這樣從羽色或花紋即可分辨公母的物種在鸚形目當中並不多見，這些特徵都與顏色的表現有關，所以當對象為異色種時我們很難透過外觀分辨公母。

品種

玄鳳鸚鵡的品種皆為異色品種，目前還沒有培育出形態及大小有所變化的品種。一般認為異色大多不會對個性及健康狀況造成直接影響，不過還是有例外——據說缺乏黑色素的品種會出現視覺異常等症狀。此外，有些罕見品種因為近親交配導致其他基因出現，可能會衍生出某些遺傳疾病。如果希望與寵物長長久久地一起生活，也不能一味地追求罕見的花色，先仔細確認過鳥兒的健康狀況再帶回家比較好。

原生（普通）

與原生種相同的表現型都叫做普通種（之所以寫「表現型」，是因為其中也包括具有異色隱性基因的鳥）。公鳥的特徵是灰色體色，再加上鮮豔的黃色冠羽和橘色腮紅。母鳥的臉部也有受到黑色素影響而呈現灰色，所以冠羽和腮紅看起來很淡。此外，尾羽背側有條紋也是母鳥的特徵。雛鳥的造型雖然像母鳥，不過嘴喙呈現膚色。普通種是所有異色種的基礎，不論作為繁殖種鳥還是個人寵物都要一輩子珍惜牠們。

玄鳳鸚鵡的主要異色品種

（ ）內為基因名稱。

Ⅰ 單基因遺傳衍生的主要異色種

■白面（藍化）

缺乏產生紅色或黃色的鸚鵡色素的隱性突變，1970年代在歐洲培育出來。讓綠色鸚鵡產生藍色羽毛的基因名稱叫做「藍化」，不過套用在玄鳳鸚鵡身上會失去所有黃色系的顏色，所以公鳥的臉會變白、體色變灰，故稱為「白面」。母鳥則是臉變灰，尾羽背側仍有花紋。

■帕斯多（部分藍化）

未完全消除鸚鵡色素的異色種，屬於體染色體隱性遺傳。黃色及橘色雖然變淡了，不過並未完全消失。一般認為部分藍化基因是藍化基因發揮部分作用的產物，只對藍化基因呈現顯性。將部分藍化基因與其他基因組合的話，會產生淡黃色、淡橘色等微妙的配色。

■黃化（性聯遺傳黃化）

與藍化相反，是缺乏黑色素的異色種。因為沒有黑色素，羽毛呈現或深或淺的黃色，眼睛變成紅色。多為性聯遺傳，所以黃化公鳥要同基因型才會表現。據說黃化鳥很容易發生視覺異常的狀況。如果牠們疑似對聲音過度反應，

幼鳥

可能有視力衰弱的問題。不要把玩具放進鳥籠、放出鳥籠時也要留意有無障礙物等等，養在眼睛看不到仍能安心生活的靜謐環境為佳。

■顯性銀（顯性稀釋）

稀釋基因也可以經由體染色體顯性遺傳，與普通種配對會培育出一半的顯性銀（顯性稀釋）。這是目前僅在玄鳳鸚鵡、紅領綠鸚鵡身上確認到的基因。有同基因型也有異基因型。

同基因型幼鳥

■古銅（肉桂）

肉桂基因屬於性聯遺傳，會阻礙棕黑色素（pheomelanin）轉變成真黑色素（eumelanin），導致灰色或黑色色素無法形成，羽色變成淡褐色。玄鳳鸚鵡全身轉為淡淡的古銅色，給人一種典雅的印象。是很受歡迎的異色種。

幼鳥

■蠟銀（稀釋突變1）

稀釋是引發黑色素減少的基因，屬於體染色體隱性遺傳。會使體色的灰色變淡，轉為宛如銀色的顏色。

■珍珠（蛋白石）

蛋白石基因會影響色素的分布。雖然已在各種鸚形目鳥類身上發現此基因，不過表現型視物種而異，所以過去人們不太了解這種性狀。已知套在玄鳳鸚鵡身上會產生華麗的斑點花紋，根據其外觀圈內習慣稱之為「珍珠」。屬於隱性性聯遺傳，珍珠（蛋白石）公鳥與普通種母鳥配對的話，生出來的母鳥皆為珍珠（蛋白石）、公鳥為普通表現型且帶蛋白石基因（異基因型）。

幼鳥

■隱性派特（ADM派特）

是隱性派特基因當中，雄雌性沒有區別的類型。派特基因基本上作用於黑色素，會隨機阻礙其表現，不過評鑑會傾向給予黑色素花紋左右對稱者較高的肯定。要分辨公母只能觀察行為，或進行DNA性別鑑定才能確定。

■黃面（黃面）

橘色腮紅會變成黃色的異色種，可能是玄鳳鸚鵡特有的變異，屬於性聯遺傳。是較為新穎的異色種。

黃面古銅珍珠派特
（黃面＆肉桂＆
蛋白石＆派特）
♂

■華勒（華勒）

華勒基因屬於體染色體隱性遺傳，成鳥的眼睛會變紅，且黑色素轉變成淡褐色，可是不會對其他色素造成影響。配色介於淡褐色至稍深的褐色之間，尤其公鳥都會有醒目的黃色冠羽及橘色腮紅。紅眼的鳥可能會有視覺障礙，所以盡量不要大幅改變飼養環境。

♂

■隱性銀（蒼白華勒）

蒼白華勒基因屬於體染色體隱性遺傳，黑色素會轉變成淡灰色，眼睛變紅。這種鳥全身呈現近似顯性銀的顏色，所以一般稱之為隱性銀。和華勒一樣要留意有無視覺障礙的問題，飼養時別讓牠們因為環境變化感到焦慮。

Ⅱ 主要的組合型異色種

將Ⅰ列舉的數個代表性異色基因加以組合，即可培育出各種異色種。雖然此處介紹了幾個主要品種，不過還是要留意——憑藉外觀斷言每隻鳥的遺傳組合實屬困難，因為經常可以用相異的配對或基因培育出有相似表現型的鳥。新品種日益增加，一般的飼主總是對此感到越發混亂。繁殖的時候最好養成記錄每隻鳥的遺傳資訊，將其與鳥一起交給新飼主的好習慣。

■白化（藍化＆SL黃化）

性聯遺傳（SL）黃化基因導致黑色素缺乏，再加上藍化基因導致鸚鵡色素缺乏的異色種，羽毛呈現純白，虹膜會變紅。據說白化鳥類通常是藍化與黃化的組合型（也有人主張「白化」基因單獨存在）。

＊培育白化種建議的配對：
黃化♂＋白面（藍化）♀→白化（SL黃化／藍化）♀、普通／黃化／藍化♂

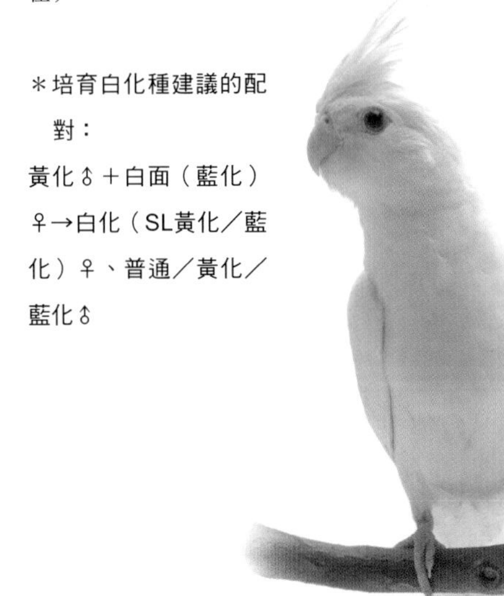

■白面帕斯多或白面銀

（稀釋＆藍化、稀釋＆灰化、淡化＆灰化）

誕生自稀釋或淡化基因與藍化或灰化基因的組合。帶有稀釋基因者顏色會變淺，帶有淡化基因者顏色會稍微變深。

♀
白面隱性銀
（藍化＆蒼白華勒）

■珍珠派特（蛋白石＆派特）

誕生自蛋白石基因與派特基因的組合，在派特基因的作用下會產生不規則的缺色。母鳥就如其名所示會表現兩種基因特徵，然而公鳥成年以後珍珠（蛋白石）花紋會消失，看起來和一般的派特沒有差別。幼鳥不論公母都會顯現「珍珠花紋」，而公鳥經歷過初次換羽就會失去這種花紋。

幼鳥

■古銅珍珠派特（肉桂＆蛋白石＆派特）

三種基因組合而成的品種。體色呈現古銅（淡褐）色，還擁有珍珠（蛋白石）與派特的花紋，不過公鳥成年以後珍珠（蛋白石）花紋會消失，至於派特花紋的表現方式也會因鳥而異，再加上每隻鳥的個性不盡相同，可以說是個性豐富的品種。

■白面古銅派特（藍化＆肉桂＆派特）

這隻鳥的派特花紋範圍較廣，所以稱為「中派」。就像這樣，把外觀特徵作為名稱使用更有利於辨識。

幼鳥

■白面古銅珍珠派特

（藍化＆肉桂＆蛋白石＆派特）

四種基因組合而成的品種。白面（藍化）基因導致臉部變白，體色呈現古銅色，母鳥會顯現珍珠（蛋白石）花紋，派特基因也會產生不規則的缺色。尤其公鳥在派特基因的影響下，有機會呈現全身幾近白色的表現，不過眼睛顏色仍是黑色。

「派特」當中派特花紋較少者（就像這隻鳥）稱為「高派」。這隻是公鳥，所以看起來和白面古銅派特幾乎沒有差別。

身上帶有美麗的「珍珠花紋」，由此可知這隻是母鳥。

■黃面華勒（黃面＆華勒）

性聯遺傳的黃面基因與華勒基因的組合。眼睛顏色帶紅是華勒基因所致。

■帕斯多綠寶石（部分藍化＆擴散黃）

屬於部分藍化基因與「綠寶石」的組合，不過就如照片所示，羽毛內側的黑色素偏淡甚至於幾乎消失，僅在邊緣顯現。因此，整個身體看起來就像撒了淡灰黃色的粉。

■顯性黃頰綠寶石（顯性＆黃頰＆擴散黃）

據說顯性黃頰是1996年佛羅里達州的繁殖業者培育出來的新異色種。「綠寶石」也是新異色種，1990年代由瑪姬．梅森（Margie Mason）確立。美國玄鳳鸚鵡協會（American Cockatiel Society）的遺傳顧問瑞克．索里斯（Rick Solis）稱「綠寶石」的基因名稱為「擴散黃」。擴散是一種稀釋基因，可以把黑色素減低至80%。

■帕斯多綠寶石（部分藍化＆擴散黃）

一樣是母鳥。母鳥腰部保有淡淡的花紋。

■白面隱性銀

（藍化＆蒼白華勒）

「隱性銀」源自於蒼白華勒基因，不同於顯性銀，眼睛變紅為其特徵。

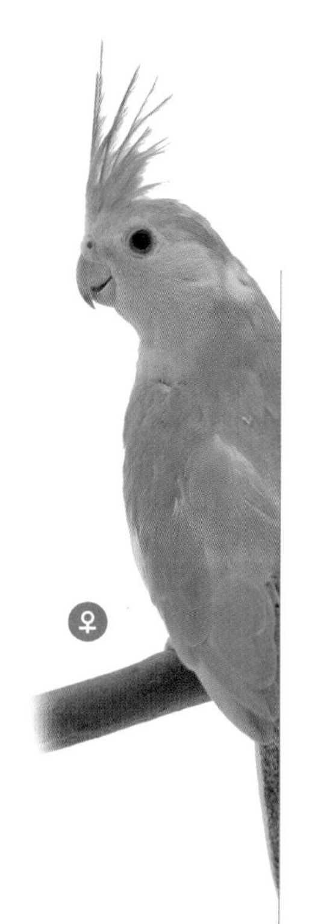

■白面 顯性銀同基因型

（藍化＆顯性稀釋＆同基因型）

如果像這隻鳥一樣顯性稀釋基因為同基因型的話，黑色素會大幅退色，看起來猶如淡銀色。藍化基因也造成鸚鵡色素消失，全身呈現偏淡的配色。

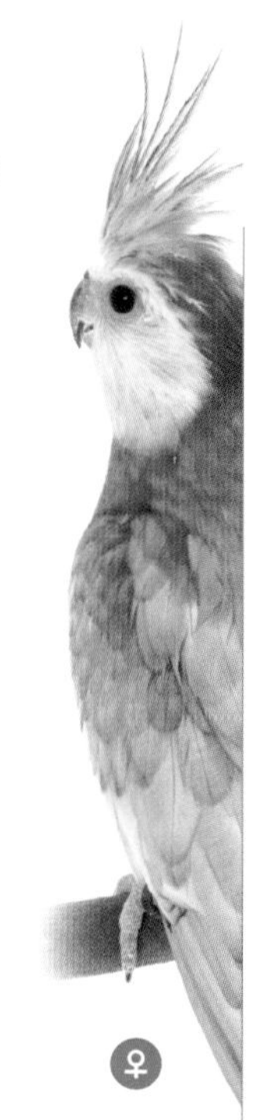

■隱性銀珍珠派特（蒼白華勒＆蛋白石＆派特）

由三種基因組合而成，不過因為是公鳥，身上不會顯現「珍珠」花紋。這隻鳥的派特花紋非常不明顯。

■白面顯性銀派特 異基因型

（藍化＆顯性稀釋＆異基因型＆派特）

三種基因的組合。顯性稀釋基因為異基因型，派特也不明顯，所以整個身體看起來是深銀色。

■帕斯多華勒（部分藍化＆華勒）

部分藍化基因使鸚鵡色素減少，華勒基因使黑色素減少，整體呈現極淡的配色，眼睛也變成了紅色。與古銅最大的差異在於眼睛顏色。

Glossary

- **等位基因：**分別繼承自父輩和母輩，所以擁有相異的遺傳訊息，且位於相同基因座的基因。
- **基因座：**有性狀相關遺傳訊息的染色體部位。
- **顯性基因：**會在擁有相同基因型之親代交配生出的子代（F1）身上表現的基因。
- **隱性基因：**不會在擁有相同基因型之親代交配生出的子代（F1）身上表現的基因。
- **基因型：**用於表示個體基因結構的記號。顯性基因使用大寫（比如A），隱性基因使用小寫（比如a）來表示。
- **表現型：**呈現在個體身上的性狀。
- **同基因型（同型合子）：**相同基因成對的基因型。寫成AA、aa等。也可以簡寫成DF。
- **異基因型（異型合子）：**不同基因成對的基因型。寫成Aa、Bb等。也可以簡寫成SF。
- **性染色體：**決定性別的染色體（雄雌性共通的染色體為體染色體），母鳥為異基因型ZW型（雄：ZZ，雌：ZW）。黃化、肉桂等性聯遺傳基因位於性染色體，所以容易在母鳥身上表現。
- **ADM：**Anti-dimorphism，也就是性別造成的外觀差異（兩性異型、雌雄雙型）消失。

留下紀錄吧

與遺傳知識同等重要的就是「紀錄」。只要握有三、四代以前的祖先相關紀錄，就能夠避免將遺傳上有問題的鳥用於繁殖。使用第254頁的卷末附錄「玄鳳鸚鵡血統紀錄書」，即可追溯四代的血統。市面上也有在販售血統書製作軟體等，不妨多方嘗試。

Chapter 10

去見
玄鳳鸚鵡吧

去見野生的鸚鵡、鳳頭鸚鵡吧

待在樹上的時候戒心似乎不會特別高
©AAK Nature Watch

野鳥的寶庫——凱恩斯

澳洲有無尾熊、鴨嘴獸、袋鼠等在其他國家看不到的野生動物。就連鳥類也是一樣，光是澳洲就有多達350個特有種。一般認為正是遠古時代與其他大陸分離，澳洲得以孕育出豐富多樣的特有生態系。

凱恩斯是位於澳洲大陸東北岸的港灣都市，面臨約克角半島相連處附近廣闊的珊瑚海。凱恩斯這個地方是離日本最近的澳洲門戶，其熱帶氛圍也吸引了許多日本人造訪，是頗受歡迎的觀光地區。

就連旅客也可以在凱恩斯觀賞到棲息在澳洲的諸多野鳥。畢竟除了我們非常熟悉的玄鳳鸚鵡、虎皮鸚鵡之外，粉紅鳳頭鸚鵡、葵花鳳頭鸚鵡、吸蜜鸚鵡、紅色吸蜜鸚鵡等去鳥店或動物園才看得到的鳥種也都棲息在凱恩斯這個地方。

不光是為了賞鳥，對與陪伴鳥朝夕相伴的愛鳥人士來說，凱恩斯也是令人憧憬的夢幻之地。

接下來有請身為野鳥導遊的日本人太田祐先生分享他在業界活躍的經驗。

前去欣賞野生玄鳳鸚鵡的旅程

如果參加太田先生主辦的賞鳥之旅，也有機會前去欣賞玄鳳鸚鵡。不過，凱恩斯離玄鳳鸚鵡棲息地有一段距離，所以行程以兩天一夜為主。

旅途中可以觀察太陽高掛天空時，鸚鵡及鳳頭鸚鵡在各種地方覓食、翱翔於天際的身影，到了日暮時分，又能觀賞這些鳥成群返回休息處的光景。關於觀察野生玄鳳鸚鵡的困難與樂趣，太田先生的敘述如下。

「玄鳳鸚鵡及虎皮鸚鵡大多棲息在澳洲的內陸地區。不過，這些遷徙型的鳥類不具有特定地盤，無法保證前往某個特定地點就一定能見到牠們，這是比較困難的部分。

玄鳳鸚鵡為了覓食，在無邊無際、宛如沙漠的遼闊土地上四處漂泊。牠們靜靜地等待天降甘霖，一旦下雨就會從數百公里遠的地方群起飛至該處，並且在很短的期間內進行繁殖行為。那幅光景精采絕倫。恰逢時機的話，玄鳳鸚鵡就像鴿子一樣隨處可見，但是那個時機會在何時到來、在何處降臨毫無規則可循，連分布圖也畫不出來，此即遷徙型生物的特色。雖然有很多人都想見識成群的玄鳳鸚鵡及虎皮鸚鵡，但是就連專家也很難掌握牠們的棲息地。

正因為如此，有幸見到牠們的時候會讓人興奮到樂不可支，而且看到嬌小如小型鸚鵡、雀鳥的生命在沙漠這種殘酷世界努力求生的模樣，心裡更是感動萬

©AAK Nature Watch

分。」

有機會的話，大家不妨也跟隨享譽全球的野鳥導遊太田祐先生的腳步，前去欣賞諸多棲息在凱恩斯的鸚鵡及鳳頭鸚鵡吧。

牠們刻意偽裝成枯木或枯枝休息的擬態

玄鳳鸚鵡在補充水分。牠們將身體反弓，以免尾巴浸濕難以飛翔。

- **喬治鎮 兩天一夜賞鳥** 每人（兩人一房）A$820
- **鸚鵡、鳳頭鸚鵡特別旅遊 三天兩夜（伊薩山）** 每人（兩人一房）A$2200

（2024年2月的資訊）

旅遊企畫

AAK Nature Watch

電話：+61-7-4095-1108（澳洲）

329 Lake Barrine road Malanda QLD 4885 Astralia

A.B.N 23450043477

https://aaknaturewatch.com/ ※可以透過官網上的「聯絡我們」洽詢。

占澳洲大陸七成的乾燥沙漠地帶
「澳洲內陸」玄鳳鸚鵡的故鄉

太田 祐　おおた・ゆう

活躍於澳洲的日本專業野鳥導遊。以日本人來說，其地位相當於澳洲野鳥觀察領域的先驅。Y-bird株式會社（專門經營賞鳥的旅遊社）的專屬講師。凱恩斯賞鳥協會（CAIRNS BIRDING）、澳洲鳥盟（Birdlife AUSTRALIA）、700Club（澳洲產鳥類名錄達到700種以上才能入會的榮譽俱樂部，首位日本人會員）等組織的成員。擁有澳洲永久居留權。

坎貝爾鎮野鳥之森

東玫瑰鸚鵡

玄鳳鸚鵡

斑胸草雀

為了紀念與澳洲坎貝爾鎮締為姊妹城市交流10週年，日本埼玉縣越谷市的坎貝爾鎮野鳥之森於1995年9月落成，是一座可以親近澳洲大自然、擁有日本規模最大鳥籠的迷你主題公園。

占地總面積有5350平方公尺，大約3000平方公尺的鳥籠是其中的主要設施，規模為全日本之冠。

鳥籠內飼養了澳洲坎貝爾鎮市捐贈的玄鳳鸚鵡、粉紅鳳頭鸚鵡、葵花鳳頭鸚鵡、米契兒氏鳳頭鸚鵡、虹彩吸蜜鸚鵡、斑胸草雀等21種約500隻鳥。

除此之外，還設有小袋鼠的近親斑氏紅頸袋鼠、鴯鶓的區域。

遊客來到坎貝爾鎮野鳥之森，可以近距離觀賞玄鳳鸚鵡在開闊鳥籠內自在飛舞、覓食、築巢等貼近大自然的模樣。可以說是日本國內獨一無二，能夠觀察玄鳳鸚鵡生態的珍貴設施。

坎貝爾鎮野鳥之森的鳥類（2024年2月的資訊）

紅尾黑鳳頭鸚鵡
錦靜
小鳳頭鸚鵡
珍珠斑鳩
鵜鶘
叢石鴴
茶色蟆口鴟
玄鳳鸚鵡
葵花鳳頭鸚鵡
斑胸草雀
翠翼鳩
米契兒氏鳳頭鸚鵡
虹彩吸蜜鸚鵡
灰斑鳩
東玫瑰鸚鵡
彩䴉
超級鸚鵡
粉紅鳳頭鸚鵡
冠鳩
笑翠鳥
澳洲國王鸚鵡

澳洲國王鸚鵡

坎貝爾鎮野鳥之森

埼玉県越谷市大吉272番地1
https://yacho-nomori.kosi-kanri.com/

入園費用　大人（高中以上）100日圓
小孩30日圓　學齡前兒童免費

開園時間　上午9時～下午4時
（入園至下午3時30分為止）

休園日　每週週一（週一逢國定假日或補休則翌日休）、過年期間（12月29日至翌年1月3日）

※此外，可能因應管理需求臨時休園。

【交通方式】
搭電車前往：
東武晴空塔線北越谷站東口搭巴士約10分。搭エローラ、彌榮循環等在小田急彌榮團地入口下車，步行5分至目的地。
開車前往：
從東京方向上國道4號進入越谷市，過東武晴空塔高架橋以後，在下間久里北十字路口右轉，直行約2公里。在GS科斯莫石油、昭和殼牌石油坐落的花田（西）十字路口左轉，行駛300公尺至大吉公園停車場（40輛）。

TSUBASA

日本於2000年成立的認定非營利組織法人TSUBASA，是專門針對陪伴鳥的收容活動團體。

TSUBASA是擷取「The Society for Unity with Birds - Adoption and Sanctuary in Asia」首字母組成的縮寫，意指「與鳥和諧共存的社會，亞洲的收養避難所」。

TSUBASA以喜愛鳥類、關心鳥類收容活動的人們為對象，進行有關陪伴鳥適切飼養的宣導活動。與此同時，該組織也以建立人類與動物共生的理想典範為目標。

TSUBASA發起的活動包括接收（救援）因為家庭因素無法繼續被飼養的陪伴鳥，把這些鳥收容在設施裡、幫牠們尋找新的飼主（讓與）等等。

該組織除了進行陪伴鳥收容轉讓活動、向愛鳥人士宣導基本飼養知識，也會透過各種形式定期舉辦講座及研討

會。

從想和陪伴鳥一起生活的新手到資深愛鳥人士、專家，依照不同的知識層級提供相應的內容。

關注定期舉辦的活動及研討會

在TSUBASA舉辦的活動當中，又以招聘國內外的鳥類學者及專家，進行演講及研究發表的「TSUBASA學術研討會」最受矚目。

由國內外著名講師展開的講座，吸引了不少來自全國各地的愛鳥人士。

除此之外，全年還會定期舉辦以TSUBASA會員為對象的活動報告及主題講座「TSUBASA論壇」、小班制研討會「TSUBASA愛鳥塾」等等。

對想深入了解陪伴鳥的人們來說，這些內容極具吸引力且豐富充實。此外，同法人的收容設施「鳥村」也是愛鳥人士此生必去的地方之一。在那裡不僅可以看到TSUBASA救援而來的鳥，還可以和部分鳥禽接觸互動。

除此之外，「鳥村」的部分區域「鳥奔」也有對外開放，提供陪伴鳥及其飼主一起學習社會化。

※能使用鳥奔的鳥僅限1歲以上，通過披衣菌感染、鸚鵡喙羽症、小鸚哥病（BFD）檢測的健康個體。

認定非營利組織法人TSUBASA
埼玉県新座市中野2-2-22
TEL 048-480-6077（13:00～17:00）
URL http://www.tsubasa.ne.jp/

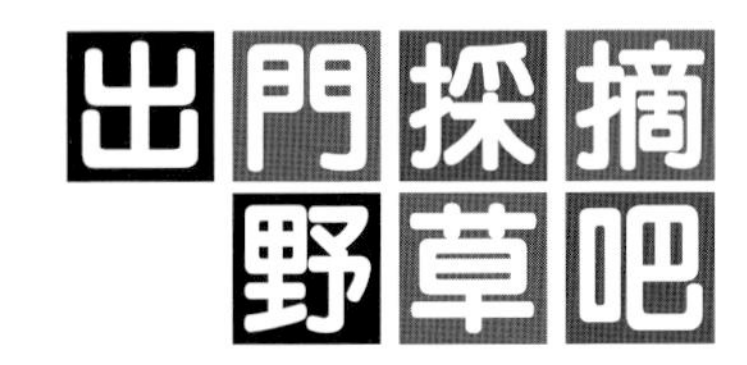

出門採摘野草吧

路邊常見的野草也能作為玄鳳鸚鵡的小點心。

試著將散發季節感的野草融入愛鳥的飲食當中，為容易流於單調的飲食生活增添一些色彩吧。

●採摘野草的地方

餵給玄鳳鸚鵡的野草請選用未受汙染的植物。採摘野草的地方必須是未受汽機車廢氣汙染，未施農藥、除草劑及化學肥料等的場所。此外，也要檢查有無沾染到貓狗或野鳥的排泄物。

●餵食野草之前

摘下來的野草要用流水充分洗掉髒污，接著泡水洗滌10分左右，確實瀝乾水分再進行餵食。

如果在意葉子上的髒汙，不妨使用嬰幼兒用的市售蔬菜洗劑更放心。

●挑選野草

若為禾本科植物，可以放心地餵給愛鳥吃。

野草的營養價值不一，有些種類吃太多還會損害玄鳳鸚鵡的健康。不能因為愛鳥吃得開心，就放任牠們吃到主食的消耗量下降、糞便疑似出現腹瀉症狀。

鴨茅（果園草）

早熟禾

野豌豆（救荒野豌豆）

繁縷

白花三葉草

狗尾草

若為豆科植物，偶爾餵食葉片部分而非莢果的話不至於引發問題，可一旦攝取過量仍有可能造成荷爾蒙失調。

再來，菊科植物當中有很多嘗起來太苦澀的植物，將其作為季節風味讓愛鳥淺嘗一下即可。

■可食用的野草

繁縷：石竹科
鴨茅（果園草）：禾本科
狗尾草：禾本科
梯牧草（貓尾草）：禾本科
早熟禾：禾本科
魁蒿：菊科
蒲公英：菊科
高山蓍：菊科
苦苣菜：菊科
稻槎菜：菊科
野葛：豆科
野豌豆（救荒野豌豆）：豆科
白花三葉草：豆科
車前草：車前科
紫花堇菜：堇菜科
等等

■常見但不能餵食的野草

牽牛花／繡球花／皋月杜鵑／杜鵑／芋頭／常綠杜鵑／蕨類／水仙／鈴蘭／長蒴黃麻／櫻等等

●餵食時的注意事項

從營養均衡的觀點來看，最好不要每天餵食同一種野草。頂多當作零嘴。

再來，玄鳳鸚鵡也有所謂的「飲食偏好」。野草並不是非得要吃的食物，千萬不要勉強愛鳥食用。

這些野草很容易腐壞，如果牠們沒有意願食用，最好及早從籠內取出。

●安心又安全的盆栽種植

如果沒有把握採摘安全的野草，或者對於餵愛鳥吃長在野外的雜草心存疑慮，也可以試著用盆栽種植。

還可以在香草店或網路商店買到小鳥特別愛吃的繁縷種子。

COLUMN

玄鳳鸚鵡與睡眠

與玄鳳鸚鵡一起生活的時候，不光是晚上，有時白天也會看到牠們閉著眼睛安穩休憩的光景。即便我們悄悄地靠過去，愛鳥也會馬上睜眼醒來就是了。

試想一下玄鳳鸚鵡的睡眠與夢境吧。

●眼瞼的構造與睡眠

玄鳳鸚鵡除了上下眼瞼之外，其內側還有半透明的膜狀眼瞼——瞬膜。瞬膜的功能就像泳鏡，覆在眼球上時依然可以確保視野清晰。主要的功能似乎是保護飛翔過程中的眼睛（防止異物混入及乾燥）。這層瞬膜閉上時大多是接近一瞬間的事情，即使與愛鳥長期共同生活，也沒有什麼機會清楚看見牠們的瞬膜，不過連拍的照片中有時會很罕見地意外拍下宛如翻白眼的畫面。

此外，雖然人類的眼瞼是像快門那樣從上至下閉闔，不過鸚鵡的眼瞼呈現從下至上閉闔的構造。

這是為了及早發現隼等猛禽類天敵的身影。再來，玄鳳鸚鵡的眼瞼很薄，顏色也呈現偏白的灰色。

因為眼瞼很薄的關係，即使閉上眼睛仍能感知到光線，足以得知周圍環境究竟是亮還是暗。

再加上閉眼的模樣從遠方看來就是稍微偏白而已，很難辨識眼睛到底是睜開還是閉著，一般認為這也有避免在天敵面前露出鬆懈姿態的效果。

●午覺也是重要的睡眠環節

身為陪伴鳥的牠們經常生活在明亮的飼養環境直到深夜，或許是因為這樣，得藉由睡午覺來維持充足的睡眠。同樣地，生活在野外的玄鳳鸚鵡也不會在日正當中之際無端地四處飛翔，大多待在樹蔭底下休憩的樣子。

透過這種撥空小睡的習慣，玄鳳鸚鵡得以調整睡眠時間。

●瞬間醒來的原因

玄鳳鸚鵡的睡眠有個特色，牠們不會進入熟睡狀態，而是隨時對周遭保持警戒，一旦發生什麼狀況就會立刻起飛，在時時做好準備的狀態下入眠。

這種情況就像貓狗會熟睡到打鼾，兔子、松鼠這類小動物卻不會那樣，簡而言之就是掠食者與獵物的危機管理意識可能有所不同。

而且，玄鳳鸚鵡的聽覺在就寢期間也會運作，聽見陌生的聲響時會立即反應，能夠瞬間醒來逃之夭夭。

這也可以說是造成玄鳳鸚鵡恐慌的原因之一。

●玄鳳鸚鵡也會作夢

雖然玄鳳鸚鵡很少進入沉穩的睡眠狀態，不過牠們應該會作夢。就跟我們人類一樣，鳥類也有快速動眼期睡眠（REM）和非快速動眼期睡眠（NREM）。腦部與身體雙雙休眠的期間為非快速動眼期睡眠，腦部清醒但身體休眠的期間為快速動眼期睡眠，而鸚鵡似乎也會在快速動眼期睡眠時作夢。

玄鳳鸚鵡在半夜突然發出叫聲或模仿聲，說不定就是作夢期間的囈語呢。

PERFECT PET OWNER'S GUIDES

Chapter 11

玄鳳鸚鵡容易罹患的 疾病與創傷

病毒引起的感染症

鸚鵡的內臟乳突狀瘤病（IP）

原因

疱疹病毒科的鸚鵡疱疹病毒（PsHVs：*Psittacid Herpes Viruses*）導致形成腫瘤。

病毒隨糞便、呼吸器官、眼睛分泌物排泄，經由其他鳥禽攝取、吸入造成感染。

症狀

主要在口腔內、泄殖腔內的黏膜形成乳突狀腫瘤。

可能擴及結膜、鼻淚管、法氏囊（泄殖腔附近的淋巴組織）、食道、嗉囊、腺胃及砂囊。

症狀包括血便、乳突狀瘤突出等。足部形成乳突狀瘤及硬塊，受感染鳥禽會逐漸衰弱。

治療

切除、冷凍或燒灼（燒除病變組織的治療）乳突狀瘤，使用抗疱疹病毒藥物等進行治療。

預防

準備帶鳥回家時，選購飼養在整潔環境的鳥。帶回家以前先進行檢查等等。

玻納病毒感染症（腺胃擴張症）

原因

病因是玻納病毒科禽類玻納病毒屬（ABV：Avian Bornavirus）的病毒。

感染

隨糞便排出，也能透過卵造成感染。

潛伏期短則數天，長可達將近10年。

糞便、嗉囊液、卵等會檢出禽類玻納病毒。已確認親鳥與雛鳥、同居鳥禽之間會互相傳染。

症狀

引起各種神經障礙，進而導致啄羽、自咬等自殘行為。

引發嗉囊、食道、腺胃、肌胃、十二指腸運動功能低下、擴張，多有消化器官症狀（食欲不振、吐食、嘔吐、消化不良（粒便）、黑便）。

神經症狀包含抑鬱、無法站在棲架上、走路方式異常等運動失調、喪失平

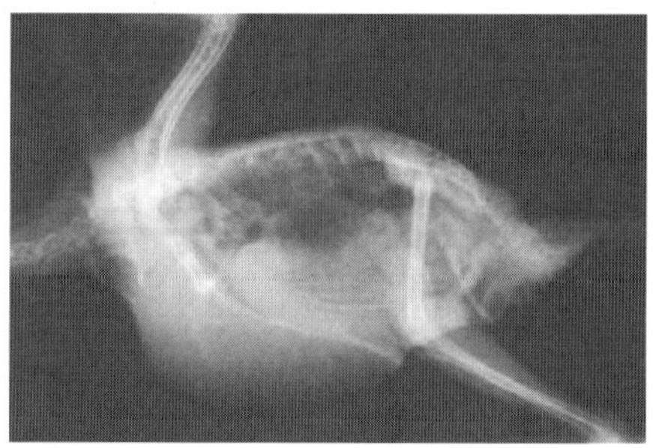
可以透過X光檢查確認消化器官擴張（玄鳳鸚鵡）

罹患玻納病毒感染症的鸚鵡

衡感、搖頭晃腦、失明、足部不適、麻痺、激烈的啄羽行為及自咬、泄殖腔脫垂、痙攣、強直性發作、角弓反張（頸部及背部反折，後仰如弓狀）等等。

治療

進行提升生活品質的治療。有時也會嘗試抗病毒藥物。

預防

保持全身健康。避免讓免疫力低下的鳥和未檢查或陽性的鳥接觸。定期使用消毒藥、殺菌劑常保飼養環境整潔。以照射紫外線燈、晒太陽等方式消除飼養用品上的病毒等等。

鸚鵡喙羽症（PBFD）

原因

鸚鵡喙羽症屬於病毒性疾病，病因是圓環病毒（Circovirus）。

受感染鳥禽的糞便、嗉囊液、脫落的羽毛等會檢出病毒。

可能是攝取、吸入同居鳥禽的羽毛、脂屑、糞便造成水平感染，或是親鳥哺餵雛鳥造成感染。

症狀及嚴重程度視發病年齡而異，3歲以下的亞成鳥抵抗力比較弱。

該疾病好發於幼鳥等免疫力低下的鳥、從國外進口的鳥，罕見於玄鳳鸚鵡。

病程

極難治癒，不過仍有長期存活及轉為陰性的案例。

孵化後的雛鳥多為甚急性型突然死亡，幼鳥多為急性型羽毛異常、消化器官症狀、貧血等等。

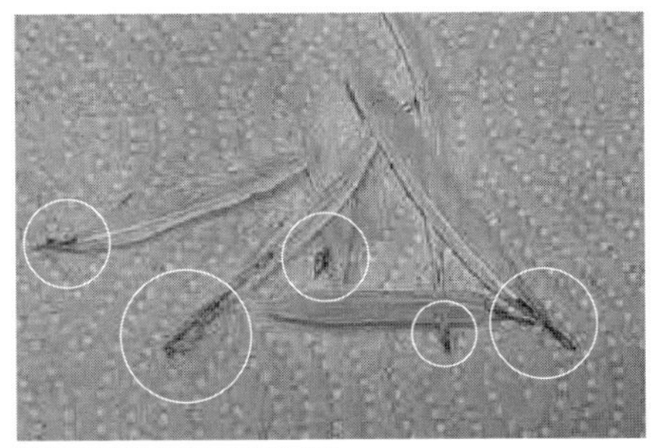

鸚鵡喙羽症導致飛羽的羽軸內帶血

亞成鳥到成鳥多為慢性型，當羽毛異常、嘴喙異常症狀加劇，免疫不全會導致死亡。

也有未出現症狀的隱性感染。

症狀

好發於幼鳥期準備長出正羽時或換羽期間。

- **羽毛異常：**羽軸異常（萎縮、捲曲、瘀青）、羽軸壞死。
- **羽色異常：**羽枝缺損、脫落、羽毛脫色、羽鞘脫落不全、脂屑減少。
- **嘴喙異常：**初期脂屑減少導致嘴喙泛著黑色光澤，持續加劇會出現嘴喙過長、脆化的症狀。

羽毛異常會隨著換羽持續加劇，最終導致免疫力低下，細菌、真菌等引發二次感染。

治療

尚未確立治療法，所以採用免疫賦活療法。雖然早期發現施以免疫賦活療法後完全治癒的案例也不少，可一旦罹患時間拉長會難以復原。

預防

接新鳥回家的時候要隔離一段時間，避免和其他鳥禽接觸等等。

細菌引起的感染症

革蘭氏陰性菌感染症

原因

鳥類身上的菌主要為革蘭氏陽性菌。像玄鳳鸚鵡這種沒有盲腸的鳥，不會常存於體內的革蘭氏陰性菌一旦過多就會致病。

包括環境中的大腸桿菌、會使水質及蔬菜等物腐壞的假單孢菌（綠膿桿菌等）、遭到貓狗咬傷時容易感染的巴斯德氏菌，以及吃到混有蛋、堅果、昆蟲或小動物糞便的不衛生穀物種子飼料、加工飼料等物容易感染的沙門氏菌等等。

※巴斯德氏菌及沙門氏菌為人畜共通傳染病。

症狀

沒有精神、呼吸器官症狀、嗜睡、食欲不振、蓬羽、腹瀉、多尿、體重減輕、呼吸困難、結膜炎等。

嗜睡

治療

主要使用抗生藥物。

預防

不要讓鳥禽接近貓狗，以免咬傷意外發生。

摸鳥之前先洗手。不要餵食遭到不衛生環境污染的飼料及堅果。

先用流水充分洗淨蔬果再進行餵食，在食物腐壞以前移除廚餘。

定期消毒飼養環境及飼養用品（尤其是飼料盆、水盆、裝菜瓶等餐具），勤於保持飼養環境通風。

阻斷老鼠、野鳥、昆蟲（蒼蠅、蟑螂等）的入侵途徑等等。

當身體的防禦機制由於壓力、健康狀況惡化而減弱，就會容易感染，所以要適當地整頓飼養環境。

開口不全症候群（博德氏菌感染症）

原因

博德氏菌感染症是革蘭氏陰性菌的禽類博德氏菌（*Bordetella avium*）引發的上呼吸器官感染症。

隨糞便、呼吸器官及眼睛分泌物排泄，經口攝取或吸入時造成感染。

開口不全症候群（CLJS：Cockatiel Lock Jaw Syndrome）只有玄鳳鸚鵡會發病。

症狀

從鼻竇炎演變成顎部組織發炎，導致顎部的可動範圍逐漸變窄，最終連嘴

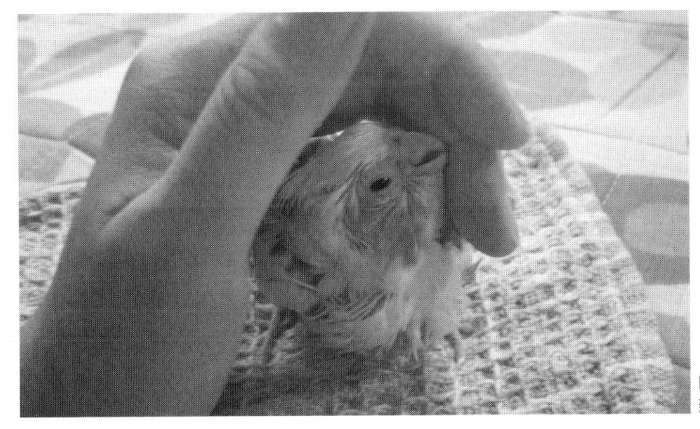

開口不全症候群導致咬合不全

喙、眼瞼都無法動彈。

顎關節障礙造成咬合不全，進而導致嘴喙難以正常磨耗而過長。血液循環不良可能導致嘴喙呈現藍黑色。嘴喙開口不全無法正常進食，逐漸消瘦而衰弱。

治療

根據特徵性症狀進行診斷，投用抗生藥物。也有早期診斷恢復健康的案例，可一旦症狀加劇會很難治癒。

預防

向飼養環境保持整潔、沒有帶原鳥的繁殖所選購雛鳥，不要接觸受感染鳥禽等等。

革蘭氏陽性菌感染症

原因

鳥類罹患革蘭氏陽性菌感染症的主要病因包括葡萄球菌及李斯特菌。

葡萄球菌屬於常在菌（平常存在於身上的細菌）；李斯特菌是一種廣布於動植物、昆蟲及土壤等處，棲息在大自然的環境常在菌。

一般認為受汙染的青菜是主要感染源。

症狀

皮膚病等病變、上呼吸器官會檢出葡萄球菌。感染創傷、灼傷、褥瘡等皮膚損傷部位，引發化膿性炎症。蓬羽、食欲及精神不振、皮膚糜爛、流出滲出液、跛行、足部不全麻痺、生長板障礙導致骨骼變形等等。

免疫力低下的鳥還會出現呼吸器官感染、消化道感染、敗血症等等。

視組織壞死及膿瘍的程度可能需要進行外科手術。

李斯特菌引發的李斯特菌症症狀包括：失明、斜頸、顫抖、昏迷、麻痺、嘔吐、腹瀉、跛行、足部不全麻痺等等。

治療

主要使用抗生藥物。

預防

切莫疏於管理鳥禽健康，要維持健全的免疫力。孕婦、新生兒、有潛在疾病者接觸受感染鳥禽時必須留意。

其他細菌引起的感染症

禽類抗酸菌症（家禽結核病）

原因

抗酸菌是分枝桿菌科分枝桿菌屬的革蘭氏陽性菌，多存在於湖沼、河川、濕地等環境。

感染源包括經口攝取遭到受感染鳥禽排泄物汀染的水域或土壤、受感染鳥禽的飛沫、創傷導致皮膚感染等等。

屬於人畜共通傳染病，即使感染也未必會發病，但是可能引發後天免疫缺乏症候群（AIDS）患者、長期使用類固醇、腎臟移植、心臟移植、白血病等免疫力低下者罹患傳染性結核病。

在日本的傳染病預防法中屬於通報傳染病。

治療

具有高度抗藥性，所以主要以抗結核藥物等進行多劑併用的治療。

預防

接鳥回家以前先進行檢查。對飼養用品進行日晒消毒、酒精消毒、煮沸消毒等等。

黴漿菌症

原因

黴漿菌屬的微生物引發的感染症。

極少單獨致病，不過加上細菌混合感染時會發病。

病原體隨呼吸器官、眼睛分泌物排泄，經口攝取或吸入時造成感染。

病原體也會透過卵垂直傳染給雛鳥，尤其好發於玄鳳鸚鵡。

症狀

出現結膜炎、鼻炎、鼻竇炎的症狀。

持續加劇的話會引發肺炎、氣囊炎、關節炎、呼吸困難、變聲、精神及食欲不振、蓬羽等等。

治療

透過核酸檢測來鑑別，投用對黴漿菌有效的抗生藥物進行治療。

預防

攝取適當營養（尤其是維生素A等）。紓解壓力。勤於保持通風等等。

禽類鸚鵡熱

原因

鸚鵡熱衣原體（*Chlamydia psittaci*）引發的人畜共通傳染病。

主要感染途徑為糞尿、鼻水、淚液、唾液、呼吸器官分泌物等空氣傳播或接觸感染。從呼吸器官入侵，定期或間斷地排泄。

糞便、分泌物乾燥化成粉狀物，經由鳥禽或人類吸入進行傳播。

受感染鳥禽非常容易傳染給同居鳥禽，所以若有其他養在一起的鳥，通通都要接受檢查。

攝取被糞尿汙染的飲水及飼料，親鳥哺餵雛鳥也會造成垂直感染。

亞成鳥的抵抗力比成鳥弱，更容易感

染。

症狀

蓬羽、抑鬱、食欲不振、體重減輕、噴嚏、鼻水、哈欠、結膜炎、流淚、閉眼等等。咳嗽及喘鳴、呼吸困難、開口、上下擺尾（上下擺動尾羽來輔助呼吸的狀態）、全身呼吸、觀星症（仰望姿勢）、發紺、黃～綠色的尿酸、腹瀉、多飲多尿、浮腫、腹水、痙攣、角弓反張、顫抖、斜頸、麻痺等中樞神經症狀等等。

治療

使用抗生藥物進行治療。

蓬羽（左）

預防

定期接受健康檢查，早期發現、早期治療。接鳥回家的時候進行檢查。

對飼養用品進行熱水及日晒消毒，使用消毒劑時選用酒精、次氯酸鈉等等。

▶人類鸚鵡熱

禽類鸚鵡熱的主要感染源是吸入鸚鵡熱衣原體。

人類的性感染症披衣菌感染、肺炎披衣菌屬於別種細菌。

鸚鵡熱的潛伏期為大約1～2週，發病時伴隨著急遽的高熱與咳嗽，呈現高熱、惡寒、頭痛、倦怠感、肌肉痛、關節痛、咳嗽等類似流行性感冒的症狀。

社區型肺炎（在醫院、療養設施等處以外的場所感染的肺炎）的發生頻率並不高。

避免與鳥禽過度親密接觸，飼養應當有所節制。

有時候被寵物鳥咬到也會感染。也有可能像隱性感染那樣，鳥禽已經帶原卻看起來依舊健康正常。

當鳥禽身體衰弱或正值育雛期間，比較容易將病原菌排出體外。經由糞尿、鼻水、淚液、唾液、呼吸器官分泌物等造成感染。

在通風不良的密閉環境中，多為含有披衣菌的糞便乾燥後化為粉塵飄散，吸入後導致感染的狀況。

健康人類在一般飼養環境中養鳥的過程遭到感染的狀況很罕見，可是倘若當事人屬於免疫力低下的族群，恐會提高發病的機率。

對飼養用品進行熱水及日晒消毒，使用消毒劑時選用酒精、次氯酸鈉，藉此來預防感染吧。

梨形鞭毛蟲症（原蟲）

原因

梨形鞭毛蟲有滋養體與囊體這兩種型態。棲息在小腸，在腸內前半部為攝取養分進行增殖的滋養體，到了腸內後半部會形成囊體隨糞便排泄。

感染

攝取到附有囊體的飼料或排泄物造成感染。成鳥多為隱性感染，但是可能會成為感染源，所以一旦發現就要考慮進行驅蟲。

症狀取決於鳥禽的免疫力等，隱性感染的鳥會變成其他鳥禽的感染源。

症狀

多為隱性感染不會發病，可一旦發病會出現腹瀉、體重減輕的症狀。

治療

使用抗原蟲藥物進行驅蟲。

預防

進行健康檢查，有感染的話要在發病前進行驅蟲。使用熱水消毒、苯酚或甲酚消毒液等，定期對鳥籠及飼養用品進行消毒。

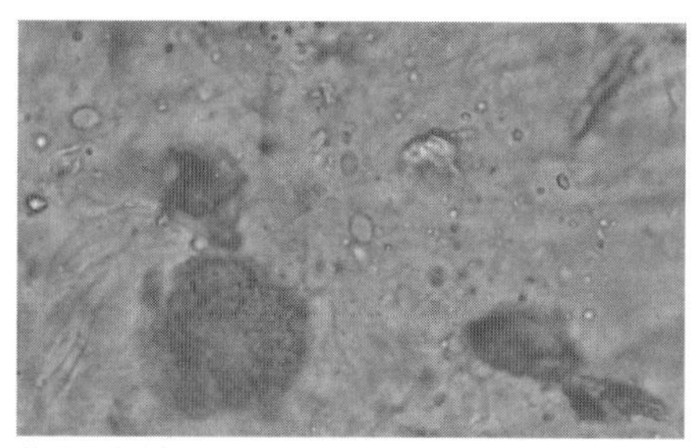

梨形鞭毛蟲（囊體）覆有橢圓形的殼不會活動

六鞭毛蟲症（原蟲）

原因

六鞭毛蟲和梨形鞭毛蟲一樣，擁有滋養體與囊體這兩種型態。

原蟲會寄生在腸內，引發腹瀉、體重減輕。

最好發於玄鳳鸚鵡。

感染

主要是攝取附有六鞭毛蟲囊體的飼料或排泄物造成感染。

多為一生都不會發病的隱性感染，但是幼鳥、亞成鳥、患病等導致免疫力低下的狀態容易發病。

症狀

發病會出現嗜睡、食欲不振、黃綠色軟便、腹瀉、體重減輕等症狀。據說也是引發啄羽及自咬症的原因之一。

治療

投用抗原蟲藥物。

預防

進行健康檢查，在發病前進行驅蟲。使用熱水消毒、苯酚或甲酚消毒液等，定期對鳥籠及飼養用品進行消毒。

底部使用隔屎網，避免排泄物接觸口部等等（六鞭毛蟲的抗藥性很高，很難達到完全驅蟲）。

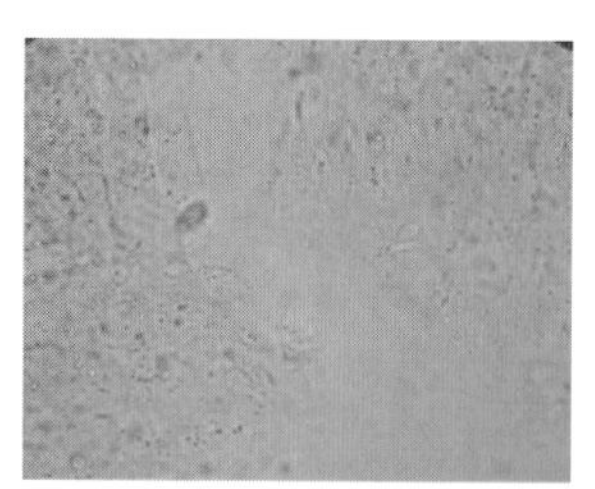

六鞭毛蟲科原蟲

禽類疥癬症（節肢動物）

原因

疥蟲屬於蜱蟎目疥蟎（無氣門）亞目疙蟎科膝蟎屬（*Knemidokoptes*）的節肢動物。

這種蟎的特徵是渾圓的身體加上短肢，肉眼無法觀察，要用顯微鏡確認。

會在嘴喙的根部、蠟膜、眼部周遭、足部等皮膚柔軟處鑽洞寄生，並在內部產卵。

親鳥會感染給雛鳥，受感染鳥禽與其他鳥禽接觸也會傳染。對人類沒有影響。

症狀

也有感染卻未發病的無症狀案例。

初期症狀包括嘴喙及足部出現白色脫屑症狀，伴隨著強烈搔癢感時會出現嘴喙朝鳥籠網子等處摩擦的動作。

足部遭到感染時，會出現腳在棲架上踩踏的動作。嚴重時會擴及泄殖腔乃至於全身皮膚，甚至於衰弱致死。

治療

透過顯微鏡進行病變檢查。

根據特徵性病變進行治療。以口服或外用的方式多次投用驅蟲藥進行治療，直到蟎完全消失。

預防

定期對鳥籠、飼養用品及放風場所進行熱水消毒。

保持環境衛生之餘，也要減少與受感染鳥禽的接觸等等。

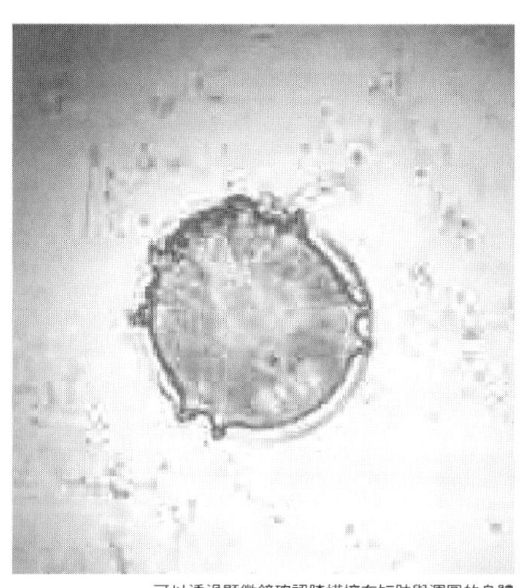

可以透過顯微鏡確認膝蟎擁有短肢與渾圓的身體

雞皮刺蟎、北方禽蟎（節肢動物）

原因

雞皮刺蟎（或稱紅蟎，*Dermanyssus gallinae*）屬於蜱蟎目中氣門亞目皮刺蟎科皮刺蟎屬的節肢動物，顏色為紅～黑色，呈現細長蛋形且具有長肢，會寄生在鳥禽身上快速移動、吸血。

同屬的鼠皮刺蟎（*Dermanyssus hirundinis*）以及北方禽蟎（*Ornithonyssus sylviarum*）雖然形似雞皮刺蟎，不過體型比雞皮刺蟎稍微小一些。

未吸血時身體呈現灰白色，不過吸血就會變成紅色。

雞皮刺蟎多在夏季期間出沒，白天時會從鳥禽身上離開，潛入鳥籠、巢箱縫隙等處。入夜以後再寄生到鳥禽身上吸血。

北方禽蟎不會離開鳥禽身上，依附在體表生活、繁殖、吸血。

症狀

吸血引起搔癢、皮膚發炎等等。

被吸太多血的話會貧血，導致精神及食欲不振。雞皮刺蟎在夜間吸血，有時會導致鳥禽在入夜以後暴走。

嚴重時甚至會致死。

治療

捕捉棲息在體表或環境中的蟎放到顯微鏡下進行檢查。使用驅蟲藥。

預防

在室外飼養、有野鳥進出的時候，雞皮刺蟎可能入侵家中寄生寵物鳥，所以要定期對鳥籠及飼養用品進行熱水消毒。

常保飼養環境整潔，避免環境高溫多濕（北方禽蟎只會寄生在鳥禽身上，不會棲息在環境中，所以消毒並非重要環節）。

對人的影響

從鳥禽轉移到人體可能引起皮膚炎。

大量寄生甚至會引發過敏反應。

羽蝨（節肢動物）

原因

羽蝨泛指昆蟲綱嚙蝨目（Psocodea）中不吸食體液及血液，以羽毛為食的寄生性昆蟲。

從卵到成蟲都會在鳥禽身上生活。體型比其他寄生蟲還要大，能夠視物。

感染

一般認為是鳥禽之間接觸傳染，不過通常鳥可以自行梳理羽毛來驅除。

症狀

觀察到羽枝被羽蝨啃咬而缺損。

大量寄生時，會出現搔癢及壓力導致皮膚炎、羽質低下等症狀。

搔癢有時也會造成羽毛損傷及自咬。

預防

鳥禽自己梳理羽毛、晒日光浴、進行水浴等等。

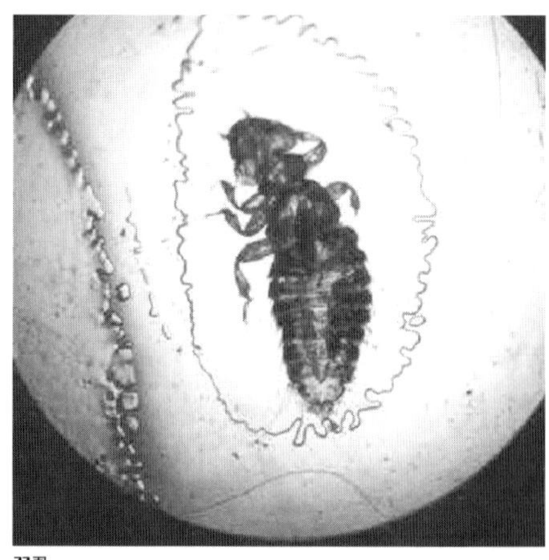

羽蝨

真菌引起的感染症

念珠菌症

原因

念珠菌屬（Candida）的真菌增殖導致發病。

屬於棲息在許多寵物鳥消化道內的常在菌，玄鳳鸚鵡雛鳥對念珠菌的抵抗力特別弱。

感染

病因是營養不足及疾病等，念珠菌在體內增殖引發機會性感染。

疾病、衰弱、長期投用抗生藥物、餵食碳水化合物、極端的寒冷或酷熱、營養失調、惡劣環境等導致免疫力低下的鳥、幼鳥、亞成鳥容易發病。

症狀

食欲不振、消化器官症狀、口腔內有白色斑塊的病變等。

病變伴隨著疼痛，所以會引發吞嚥困難、吐食、嘔吐、鬱滯。病灶加劇時，會因為腹瀉、嗜睡、脫水等衰弱乃至於死亡。

在皮膚增殖的念珠菌使病變部位肥厚，轉變成泛黃的顏色。

念珠菌隨血流擴散至全身各內臟造成病變。

治療

患部僅位於口腔內時，使用口服聚維酮碘進行消毒。使用抗真菌藥物等進行治療。

預防

避免餵食加熱的碳水化合物、葡萄糖、果糖，吃蔬菜以補充維生素A。準備適當的環境與飲食、紓解壓力等等。

巨大菌（禽胃酵母菌）症

原因

由名為鸚鵡巨大菌（*Macrorhabdus ornithogaster*）的真菌引發的感染症。

過去稱為巨大細菌症，不過這是一種真菌而非細菌。

感染與病程

親鳥對雛鳥經口感染。

飼養環境惡劣等繁殖方面的壓力造成

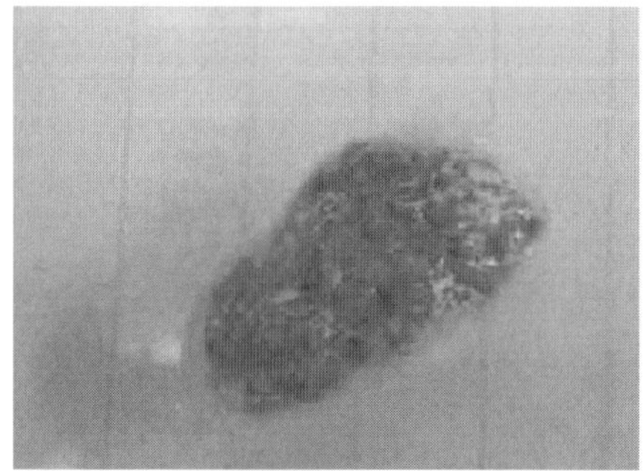

巨大菌症導致消化不良，出現粒便（未消化完全的食物）。照片為罹患巨大菌症的虎皮鸚鵡糞便。

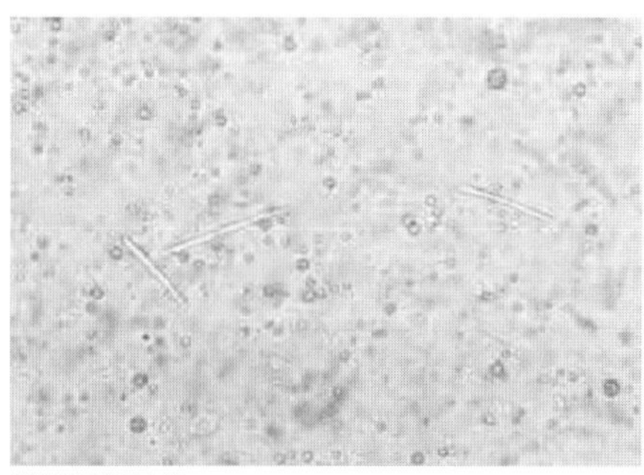

顯微鏡下的巨大菌

親鳥免疫力下降，恐會擴大感染範圍。

也有攝取同居鳥禽的排泄物或嘔吐物造成感染的案例。

症狀

發病症狀視鳥禽的免疫力有很大的差異，也有無症狀的隱性感染。

有時候即使精神和食欲毫無異狀，體重仍會逐漸減輕而消瘦。

噁心、嘔吐、食欲不振及胃痛導致出現蓬羽、前傾姿勢、搔抓腹部等症狀。

胃出血使排泄物出現黑便，出血嚴重時嘔吐物可能也混有鮮血。

貧血狀態使嘴喙及足部偏白，胃出血及嘔吐引發的脫水、誤嚥可能導致突然死亡。

治療

進行糞便檢查，使用抗真菌藥物進行治療。

預防

接鳥回家以後及早進行健康檢查，在發病以前驅除。

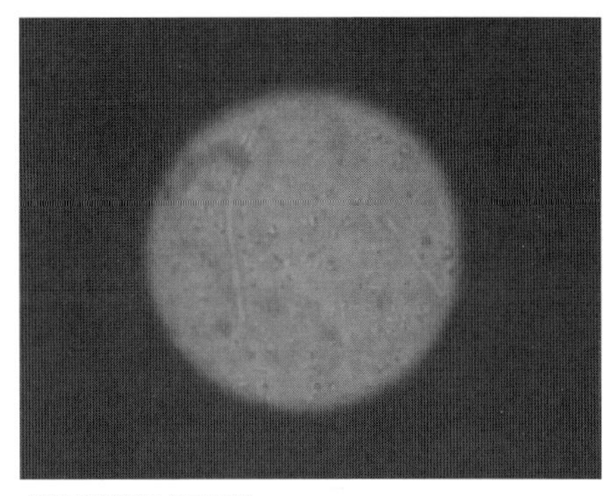

大型桿菌狀酵母（巨大菌）

母鳥的繁殖期相關疾病

卵異常
過度生蛋

在飼養環境中慢性發情所致，過度生蛋變成問題。

原因

寵物鳥待在飼料充裕的穩定環境，溫差也不大時，可謂適合生蛋的環境。

尤其豐富的飼料、人工照明的光週期延長，更容易刺激鳥發情。

症狀

如果身體健康、營養方面也沒有問題，比較少會因為生蛋引發問題。

一旦過度生蛋導致鈣等營養素不足，蛋的大小、硬度及形狀等就會開始出現異常，容易引發卵阻塞、輸卵管阻塞症。

治療

發情徵候源自於動情素，所以要抑制動情素分泌，或是選用對動情素有拮抗作用的藥物。

預防

在夜間營造陰暗環境、不要隨便進行親密接觸、移除巢箱及發情對象等等。

控制飲食分量來避免營養過剩也可以預防。

卵異常
異常蛋

原因

主要原因包括鈣質攝取不足、缺乏促進鈣吸收的維生素D3導致吸收不良、阻礙鈣吸收的高脂肪食物、攝取過多老小松菜及菠菜當中所含的草酸物質等等。異常蛋包括殼表面雜亂的蛋、殼薄的蛋、不成蛋形的蛋、無殼只有內容物的蛋等等。

除此之外，蛋在輸卵管內破損、蛋物質異常分泌，有時也會導致生出無殼蛋及小型蛋。

上述狀況皆好發於長期過度生蛋的鳥、營養失衡的鳥。

症狀

異常蛋通常會引發難產、卵阻塞（卡蛋）、輸卵管阻塞症。

治療

投用鈣劑、維生素D3，幫助蛋殼形成。

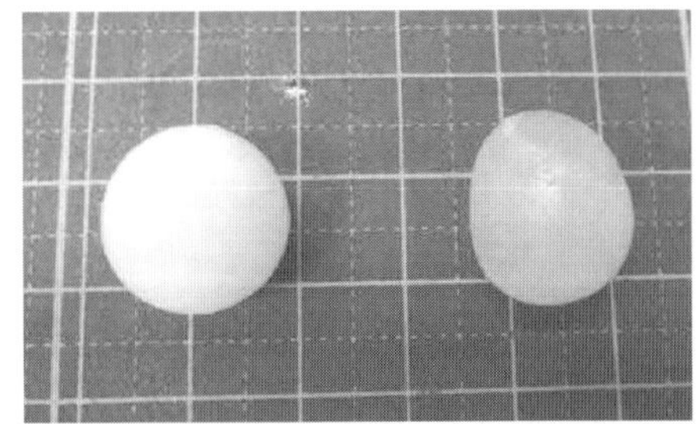

異常蛋。左：變形蛋（呈現球形）、右：無殼蛋（沒有蛋殼）。

預防

避免無節制地發情。攝取鈣質及維生素D3、定期晒日光浴等，進行適當的飼養管理。

早上幫鳥量體重、觀察或觸摸腹部來確認等等。

卵異常

卵阻塞（挾蛋症、卡蛋）

原因

體內有蛋卻無法生蛋的狀態稱為卵阻塞（挾蛋症、卡蛋）。

通常排卵後24小時以內就會生蛋，如果觸摸到腹部已經有蛋形，卻沒有在24小時以內生蛋的話，應為卵阻塞。

蛋卡在輸卵管子宮部或陰道，停留在輸卵管內生不出來的狀態稱為「卵滯」，蛋出現通過障礙的狀況（物理因素的卵阻塞）稱為「難產」。

病因有很多種，可能是低鈣血症導致輸卵管或輸卵管子宮部收縮不全、卵形成異常、環境壓力導致產卵機制突然停止、某種原因造成輸卵管口閉鎖等等。

發生

頻發於初產、發情導致過度產卵的鳥。

以穀類為主食卻沒有攝取鈣質、維生素劑、礦物質劑，日光浴不夠充足等狀況會發生。

症狀

蜷縮在地面等精神不振、腹部鼓脹、下腹用力、食欲不振、呼吸急促等等。

也有發情結束以後，腹圍縮小導致卵阻塞的案例。

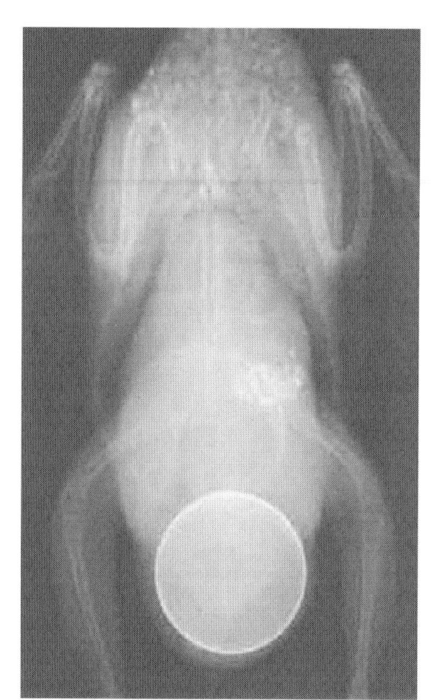

卵阻塞。靠近頭部的蛋殼較薄。

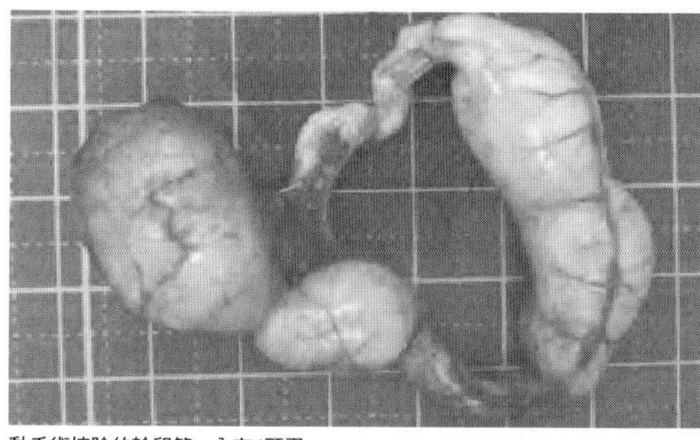

動手術摘除的輸卵管。內有4顆蛋。

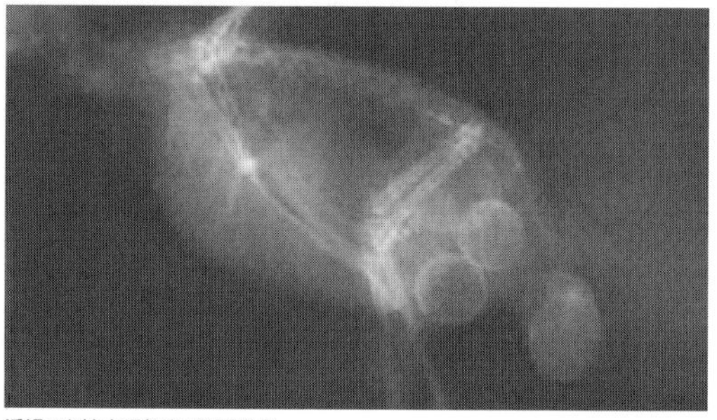

透過X光檢查得知有4顆蛋塞住。

也有無症狀的鳥突然發病死亡的案例。

治療

觸診腹部有卡蛋，檢查蛋的硬度。

投用鈣劑、維生素D3，幫助蛋殼形成。

可能會使用以手指推蛋強行排出的方法（推卵排出療法）。

確認腹部有蛋以後過了一天以上，或是觀察到下腹用力等卵阻塞症狀，即可診斷為卵阻塞，一邊按壓腹部一邊用手取出蛋。

輸卵管口未充分擴張、輸卵管有蛋殼沾黏的時候，可能會在體內搗碎蛋再進行摘除。

難以摘除的時候，可能會等待自然排出；很難透過按壓排出蛋的時候，也有進行開腹手術的案例。

排出蛋以後多有輸卵管脫垂、泄殖腔脫垂的症狀，所以要進行內科治療，使用消炎藥物、預防輸卵管及泄殖腔傷口感染的抗生藥物。

難以排出的時候會透過外科開腹手術摘除蛋，有時候為了避免卵阻塞復發會同時摘除輸卵管。

預防

寵物鳥全年都有可能發病，不過尤其好發於溫差較大的晚秋至早春之間。

一確認有蛋就趕快勤於保溫，生蛋生太久時必須前往動物醫院診察。

平常就要預防發情。

卵異常
蛋物質異位

蛋及蛋物質逆流等，導致蛋物質流到輸卵管以外部位的疾病，可能引發腹膜炎造成身體狀況急遽惡化。

- **墜卵性蛋物質異位症：**輸卵管傘端未將卵巢排出的蛋黃送到輸卵管，蛋黃落到腹腔內的症狀。是引發腹膜炎的原因。

  一般認為是過度發情導致過度排卵所致。

- **逆行性蛋物質異位症：**蛋物質逆行輸卵管，落到腹腔內的症狀。是引發腹膜炎及內臟沾黏的原因。
- **破裂性蛋物質異位症：**外傷、發炎、腫瘤等原因導致輸卵管破裂，蛋物質落到腹腔內的症狀。是引發腹膜炎及內臟沾黏的原因。

症狀

發生蛋物質異位以後，大多會經過一段無症狀的期間。隨著病情加劇，會出現食欲不振、蓬羽、嗜睡、多尿、腹瀉、感覺有異狀而搔抓腹部等症狀。

有時候急性腹膜炎猝然發作，進入休克狀態就突然死亡。

此外，也有蛋物質沾黏導致腸阻塞、肝炎，沾黏到胰臟演變成胰臟炎、糖尿病的案例。

治療

可以透過抽血檢查、影像診斷結果預測，但是很難用開腹以外的方式確診。

初期的蛋物質異位症大多需要後續觀察。

外科摘除手術是開腹後抽吸蛋的內容

物，再將蛋搗碎，一邊剝離殼等固形物也有沾黏的部分一邊摘除蛋物質。

內科療法是使用針對腹膜炎的消炎藥物、發情抑制藥物等，若為急性症狀則使用抗休克藥物。

預防

預防外傷。避免鈣質及維生素D3不足、抑制發情等等。

輸卵管阻塞症。以開腹手術摘除的蛋物質。

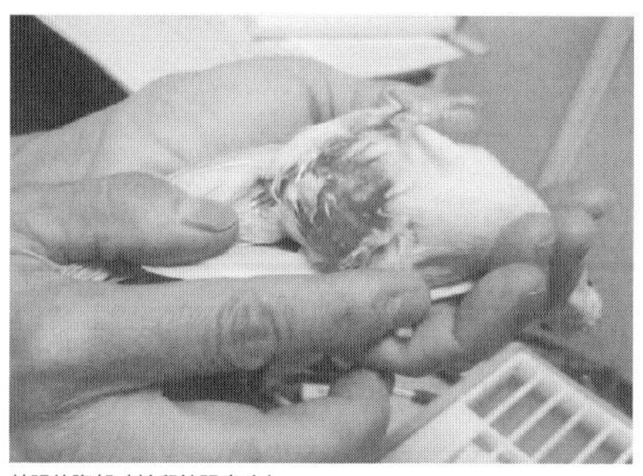

鼓脹的腹部（輸卵管阻塞症）

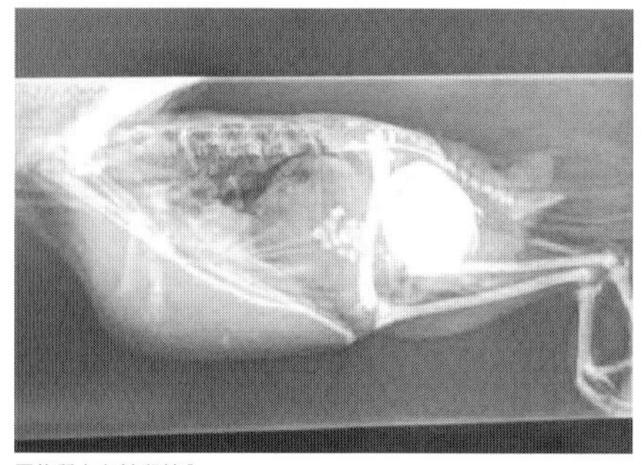

蛋物質卡在輸卵管內

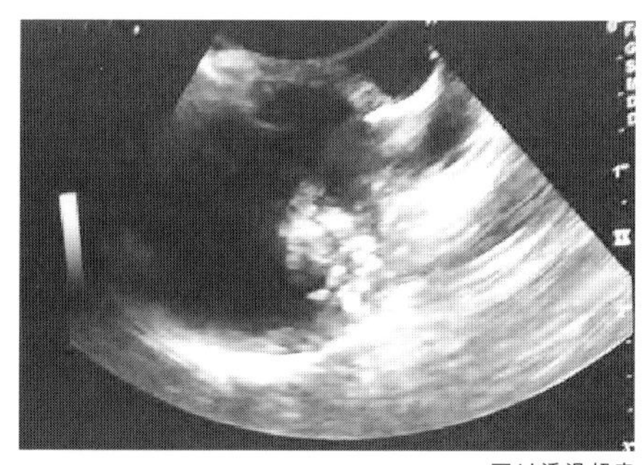

可以透過超音波檢查確認的部分蛋物質

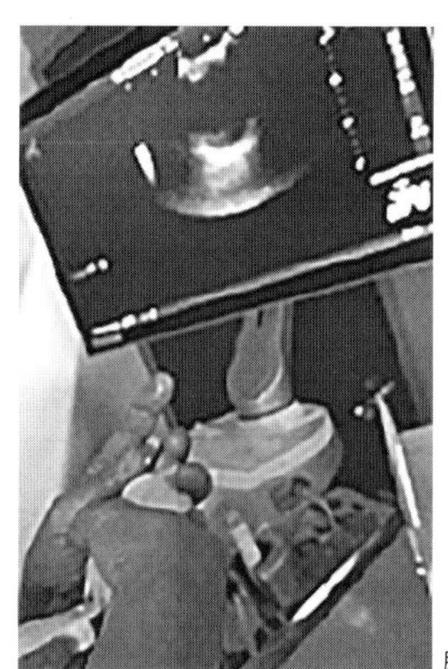

腹部超音波檢查

卵巢、輸卵管異常
輸卵管阻塞症

原因

某些原因導致異常分泌的蛋物質未排泄出來，蓄積在輸卵管內。

蛋物質的原料為蛋黃、蛋白、蛋殼膜、蛋殼等，以半流體狀物質、液狀、黏土狀、砂狀、結石狀、接近成形的蛋狀等各種形態及分量存在於輸卵管內。

具體原因尚待查明。

可能原因包括：過度發情及長期發情導致動情素過度分泌，卵阻塞、多囊性卵巢、輸卵管腫瘤、輸卵管炎等引發的蠕動運動異常使分泌的蛋物質產生排泄障礙。

容易過度產卵的鳥生出異常蛋以後、卵阻塞後停止生蛋且腹部鼓脹的鳥，可能患有輸卵管阻塞症。

症狀

可以觀察到腹部鼓脹，初期僅有少量蛋物質蓄積在腹腔內則難以發現。

蛋物質異位及輸卵管炎併發的時候，可能出現食欲不振、蓬羽、嗜睡、多尿、腹瀉等症狀。

治療

有時能透過觸診摸到充滿蛋物質的輸卵管。透過X光檢查、超音波檢查確認蓄積的蛋物質。

大多數情況是在開腹後才確診輸卵管阻塞症。

有時能透過投用發情抑制藥物、消炎藥物等來暫時削減蓄積的蛋物質，但是通常輸卵管口無排泄，需要進行輸卵管摘除手術才能痊癒。

預防

預防方法同卵阻塞症。

卵巢、輸卵管異常
泄殖腔脫垂、輸卵管脫垂

原因

包括泄殖腔翻轉呈現從孔中脫垂的狀態、在輸卵管口未充分擴張的狀態下生蛋導致泄殖腔翻轉、陰道延展且內部吊著蛋的狀態。

輸卵管脫垂是輸卵管口弛緩且輸卵管翻轉，輸卵管從泄殖腔脫垂的狀態。如果跑出體外的患部因為乾燥、自咬而腫脹，不僅難以自然地返回正常場所（體內），還容易引發二次細菌感染、大範圍的組織壞死。

生蛋以後，輸卵管、泄殖腔的發炎及腫脹未消，持續下腹用力有時會造成翻轉及脫垂。

此外，生蛋時輸卵管口未充分擴張，下腹用力過猛也可能導致蛋留在體內，泄殖腔卻外翻、脫垂。

除此之外，生殖器的腫瘤造成壓迫、全身狀態惡化等也會引發泄殖腔脫垂。

症狀

卵阻塞後，尤其好發於異常蛋導致卵阻塞、初產或是容易過度產卵的鳥。

可以觀察到鳥的肛門部跑出紅色物體。

通常疼痛會導致喪失精神、食欲不振、蓬羽、抑鬱等等。甚至會有患部自咬及出血的症狀。

如果沒有及早將輸卵管脫垂、泄殖腔脫垂的患部放回體腔內，恐造成患部壞死及乾燥、無法返回正確位置、引發排泄障礙而難以治癒。

治療

必須儘快把脫垂的輸卵管及泄殖腔放回體腔內。

使用沾濕的棉花棒等工具把患部推回體內。

如果再次脫垂，需要縫合泄殖腔來避免脫垂。

治療後可能會使用消炎藥物、抗生藥物、發情抑制藥物等。

輸卵管脫垂時，也有不少必須摘除輸卵管的狀況。

預防

繁殖導致輸卵管脫垂、泄殖腔脫垂時，預防方法參照卵阻塞。

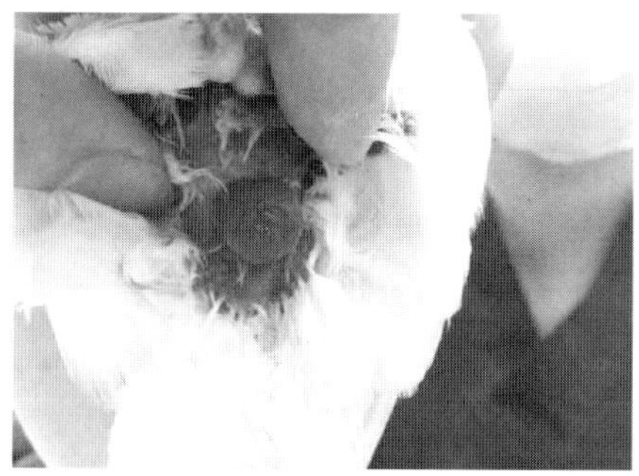

泄殖腔脫垂。泄殖腔黏膜翻轉脫垂。

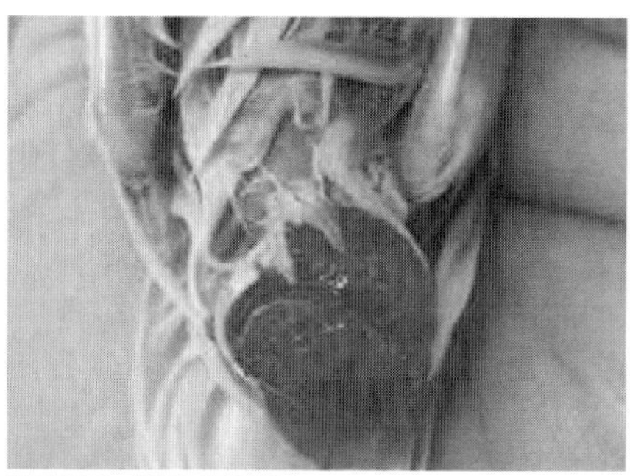

輸卵管脫垂。樹梅狀的黏膜脫垂。

卵巢、輸卵管異常
卵巢腫瘤

原因

卵巢腫瘤泛指發生在卵巢的腫瘤。卵巢腫瘤也有可能僅形成腫瘤，不過多伴隨有囊泡形成。

症狀

大多會經過一段無症狀的期間。

腫瘤變大會導致腹部鼓脹，壓迫造成食欲不振、嘔吐、排便障礙、左腳麻痺，呼吸器官壓迫而出現呼吸困難的現象，身體逐漸衰弱。

治療

透過X光檢查、消化道攝影檢查確認髓質骨及卵巢擴大。

觀察到腹部鼓脹時，透過超音波檢查確認體腔內的腫瘤或囊泡、有無腹水等等。

對鳥進行卵巢摘除手術伴隨著很高的風險，所以主要使用助孕素藥物、抗動情素藥物、促性腺激素釋放激素（性腺釋素）等進行內科治療。

預防

調整與鳥禽的互動方式及飼養環境，避免無節制地反覆、持續發情。

卵巢、輸卵管異常
黃色瘤

原因

黃色瘤是由吞噬溢到血管外之脂蛋白的巨噬細胞集合而成。

腹部黃色瘤是指持續性的高血脂症導致皮膚變黃、肥厚的狀態。主要發生在腹部。

一般認為繁殖相關的黃色瘤與動情素過剩導致高血脂症、抱卵斑過度形成，疝氣造成皮膚過度延展等等有關。

症狀

皮膚變成黃白色且逐漸肥厚。如果測定血液中的膽固醇值、中性脂肪值，多會大幅超出標準上限。

發情經過治療以後黃色瘤大部分會消失。有時也會出現自咬及出血的症狀。

治療

黃色瘤很少引發問題，輕度症狀會隨著發情結束而消失，無需積極治療。

有自咬情形時穿戴防咬頸圈。有時也會使用抑制發情及高脂血症的藥物、控制飲食等等。

預防

抑制發情。

公鳥的繁殖期相關疾病

睪丸腫瘤

原因

睪丸很不耐熱，所以哺乳類長在陰囊而非體腔內。鳥類為了便於飛翔，睪丸位於體腔內與氣囊相鄰的位置，可以隨時藉由呼吸來冷卻，不過在發情期間腫脹的睪丸會與其他內臟緊密相貼，一旦持續發情會使睪丸長時間暴露在高溫之下，容易形成腫瘤。

睪丸腫瘤包括賽托利細胞瘤、精原細胞瘤、間質細胞瘤、淋巴瘤，或是上述混合而成的腫瘤等等。

症狀

分泌動情素的細胞腫瘤化、增殖時，引發雌性化。

透過X光確認動情素產生的髓質骨。有時候不會出現任何症狀。

- **雌性化行爲：**採取母鳥發情時會出現的交配姿勢。
- **腹部鼓脹：**在動情素的作用下雌性化，腹肌遲緩、腹部鼓脹。睪丸肥大及腫瘤變大引發腹水，腹部鼓脹的情況更加明顯。
- **呼吸器官症狀：**腫瘤導致氣囊及內臟受到壓迫，呼吸變得急促。腹水流進呼吸器官時，會出現咳嗽、呼吸聲音異常的症狀。
- **體腔內出血（血腹）：**引發體腔內急性出血，血液滯積的狀態。
- **足部麻痺：**過度發情導致腫脹狀態持續，睪丸壓迫到坐骨神經，有時會引發足部不完全麻痺的症狀。

治療

進行睪丸摘除手術有機會痊癒，但是摘除手術是伴隨著高風險的困難手術。

內科療法會使用發情抑制藥物。

末期有腹水積聚的話，會使用利尿藥物及穿刺來除去腹水。

預防

抑制發情。

氯化鈉（鹽）

原因

如果鳥能夠自由飲水，就不會引發過剩症。吃太多鹽土或礦物塊、食用含鹽的人類食品可能導致發病。

症狀

攝取過多氯化鈉導致多飲多尿，腦水腫及出血引發中樞神經症狀、運動失調、痙攣甚至於死亡。

預防

避免讓鳥吃太多鹽土或礦物塊（尤其是發情期）。不要餵食添加鹽分的人類食品等等。

把鹽土與鈣粉分成少量給予

蛋白質過剩

原因

幼鳥期所需的蛋白質是成鳥的2倍左右，所以幼鳥用飼料配方含有較多的蛋白質。

如果因為鳥隻獨立不全長期哺餵幼鳥用飼料，可能產生蛋白質過剩的問題。

此外，平常餵食蛋黃粟、以蛋為原料的鳥用餅乾等高蛋白副食，也有可能產生蛋白質過剩的問題。

症狀

成長障礙、消瘦、血液中尿酸值明顯上升、高尿酸血症導致多飲多尿，恐引發腎衰竭。

也會引發肝臟的肝損傷。

預防

配合愛鳥的生命階段餵食相應的飼料。

水中毒（水分過剩症）

原因與發生

水分對身體來說不可或缺，可一旦大量攝取仍會產生有害的作用。

親鳥會根據幼鳥的發育階段慢慢減少飲食當中的含水量，但是進行人工育雛時，如果飼主未顧及幼鳥的發育階段，持續給予含水量過高的奶水，很容易引發水中毒。水分過多的奶水不僅會讓鳥陷入低營養狀態，被稀釋的血液還會引發低鈉血症、水中毒使身體衰弱。

成鳥攝取過多水分也有引發低鈉血症及水中毒的風險。

症狀

尤其玄鳳鸚鵡容易衰弱、嗜睡、死亡。嚴重的電解質失調會引發腦障礙、消化器官障礙、腎衰竭等而致死。

預防

積在嗉囊內的多水飼料、多尿、糞便

顏色變化等可能是水中毒的跡象。

適當地調整育雛用飼料的含水量，藉此改善症狀。

罹患多飲症的鳥要減少飲水量，以免攝取過多水分。

進行人工育雛的時候，哺餵食品要調成幼鳥能吃的硬度，視情況調整成稍軟再餵食，能預防攝取過多水分。

種子成癮

原因

脂質的熱量遠高於其他營養素，以葵花籽、麻籽等高脂肪種子為主食長期餵食的話，會引發脂質過剩而肥胖，變成罹患脂肪肝及心臟疾病的原因。

發生

鳥種專用綜合穀物飼料當中有不少加入葵花籽、紅花籽等脂肪種子的產品，以這類飼料為主食的話容易脂質過剩。

症狀

攝取過多脂肪導致鈣吸收不良、脂肪肝、肥胖、腹瀉等等。

膽固醇過高的飲食會成為動脈粥狀硬化的原因。

有高脂血症會使用抗高脂血症藥物；有肥胖問題採用控制飲食；有脂肪肝的個體使用強肝藥物等進行治療。

預防

避免也會造成肥胖的高脂食物，配合愛鳥的生命階段提供相應的飼料。

維生素過剩

主要是堆積在體內的脂溶性維生素會產生問題， 而非水溶性維生素。

投用過多維生素劑及保健食品、重複攝取添加在滋養丸與保健食品內的脂溶性維生素等等導致發病。

- **維生素D：**攝取上限量很低，所以容易投用過量。會出現多尿、精神及食欲不振、腹瀉、跛行等症狀。攝取過多維生素D3會導致高鈣血症、心臟衰竭、痙攣等，正值成長期會引發骨骼形成異常。避免從保健食品及滋養丸中攝取過多維生素D3，最好透過晒日光浴來合成補充。
- **維生素A：**一般寵物鳥極少發生。攝取過量時，會出現食欲不振、體重減輕、眼瞼腫脹或形成痂皮、口部及鼻孔發炎、皮膚炎、骨骼強度下降、肝損傷、容易出血等等。
- **維生素B6：**一種水溶性維生素，但是攝取過量仍會超過排泄能力的上限。

預防

投用維生素劑要適量。

中毒

重金屬中毒

原因

經口攝取的鉛、鋅等重金屬的毒性導致發病。裝在窗簾襬的配重片、健身用的負重沙袋、葡萄酒的瓶蓋、鏡子背面、舊油漆、釣魚用的鉛錘、銲料等物都會成為引發寵物鳥重金屬中毒的原因。

百圓商店等處低價販售的金屬製飾品、鑰匙圈等商品也有使用高濃度的重金屬，必須多加留意。

尤其當飼主在放風期間不會時刻緊盯愛鳥，習慣放任牠們單獨行動時，常有攝食異物的情況發生，重金屬中毒的發生率也很高。

小型鳥攝取到極微量的鉛也會中毒發作，所以很難鎖定是什麼東西的鉛導致發病。

好奇心旺盛、嘴喙力氣大，再加上會在胃裡貯存砂粒的習性等，使玄鳳鸚鵡中毒的案例層出不窮。

此外，因為肥胖或疾病有在控制飲食、正值發情期卻沒有得到適量礦物質的鳥發病風險較高。

再來，容易對新奇事物感興趣的亞成鳥發病風險較高。

症狀

重金屬毒性會對鳥禽的所有組織造成影響，已知會重創血液、造血器官系統、神經系統、消化器官系統、腎臟、肝臟。

攝食鉛等重金屬以後，症狀會在數小時內顯現，一旦發病就會急速變嚴重，甚至可能在數小時內致死。

攝取的重金屬種類、品質、分量及粒子大小等條件會影響發病的嚴重程度。

●**迷走神經障礙：**以腺胃擴張為主的各消化器官弛緩（肌肉弛緩）導致消化不

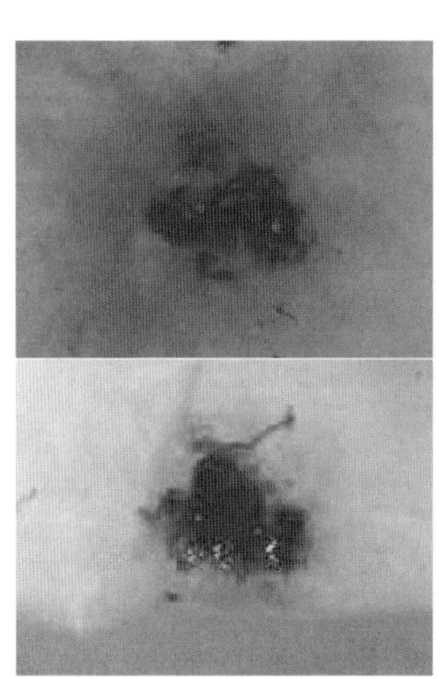
重金屬中毒導致深綠色糞便

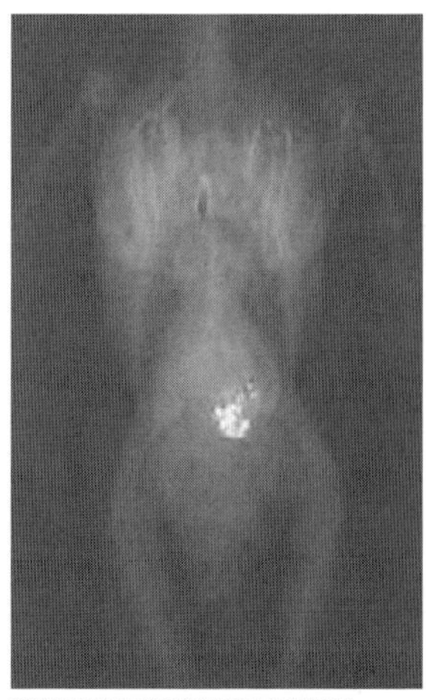
透過X光檢查發現疑似重金屬的陰影

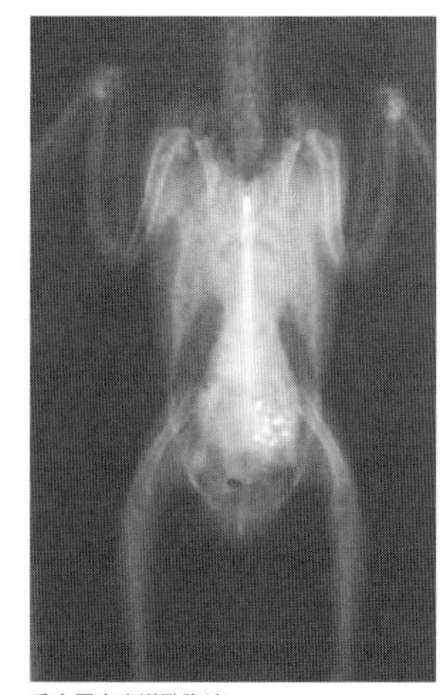
重金屬中毒導致腹瀉

良及便祕。上述症狀可能引發食欲減退、噁心、吐食、嘔吐、疼痛，造成活動力低下、蓬羽、抑鬱、嗜睡、前傾姿勢、出現啄腹部或搔抓腹部等腹痛症狀。

- **末梢神經障礙：**翅膀下垂、初級飛羽未交錯，翅膀顫抖及延展。出現單側或兩側的足部麻痺症狀。
  跛行、抬腳、握力低下、吊腳、腳開開、從棲架上摔下來等等。
  除此之外，還會出現頭部顫抖（無意識地擺動）、頭部下垂、胸肌萎縮等症狀，甚至可能留下後遺症。
- **中樞神經障礙：**除了興奮、恐慌、抑鬱、凶暴化等之外，嚴重時還會引發痙攣、留下後遺症甚至於死亡。
- **泌尿器官症狀：**鉛導致急性溶血反應，尿酸顏色從黃色變成綠色、紅色。
- **消化器官症狀：**糞便由於溶血變成深綠色，尿也受到影響，尿酸看起來外圈有一層淡綠色，或是鉛直接引發消化道障礙而排出黏液便。

▶可能含有會引發中毒之金屬的常見物品

掛繩、鑰匙圈、吊飾、墜飾、項鍊、胸針、手鍊、拉鍊、窗簾的配重片、健身用的負重沙袋（綁手、綁腿等）、螺栓、螺帽、螺絲、燈泡底座、防腐劑、塗料、染料、顏料、金屬線、金屬網、硬幣、部分陶瓷器（釉藥）、電池、電鍍加工品、肥料、農藥、殺蟲劑、除草劑、醫療藥品、保健食品、電子零件、合金、鋁箔紙、鋁罐（蓋）、葡萄酒的瓶蓋、食品添加物、明礬、半導體等等

※未必都含有有害的金屬。請檢視包裝等處標示的材質或材料確認。

玄鳳鸚鵡使用的玩具及遊具盡量選用天然素材或堅硬塑膠製產品。

消化器官相關疾病

口腔內疾病
口內炎

原因

口內炎泛指口內及口部周邊黏膜的發炎症狀，主要病因是缺乏維生素A、細菌、真菌或寄生蟲引發感染。

口內炎的病因多為念珠菌等真菌及滴蟲，也有可能是口腔內創傷所致。

可能是啃咬破損的玩具、木片、金屬線導致口腔內受傷，或是與其他鳥禽打架造成舌頭受傷。

若對象為雛鳥，喝到過燙的奶水導致口腔內燙傷也會引發口內炎。

也有可能在放風期間咬斷通電線路而感電，造成舌頭及口腔內燙傷引發口內炎。

症狀

一旦引發口內炎，鳥會出現由於口腔內不適而反覆活動口部及舌頭、擺動頭部、想吃東西卻無法進食的模樣、食欲不振、吐食、吞嚥困難、流口水、嘴角有髒汙等症狀。

診斷與治療

針對口腔內的牙菌斑或分泌物進行顯微鏡檢查、培養檢測、核酸檢測。

口內炎多會伴隨二次感染，所以有時會使用抗生藥物、抗真菌藥物。也要改善營養狀況。

預防

留意營養均衡，主食換吃滋養丸，或是以穀物種子為主食搭配日光浴、隨時補充綜合營養劑，避免維生素A及維生素D3不足。

餵雛鳥喝奶或幫病鳥灌食的時候要細心留意，避免口腔內形成創傷或燙傷。

不要讓鳥玩壞掉的玩具、有尖銳部分的物品。

留意鳥禽之間的爭鬥。為了防止誤飲、誤食，不要在放風房間內設置觀葉植物或鳥嘴吞得下去的小物件等等。

食道炎、嗉囊炎

食道及嗉囊的黏膜發炎受傷，引發糜爛、潰瘍的症狀稱為食道炎或嗉囊炎。

原因

口內炎可能續發成食道炎、嗉囊炎。

- **外傷性：**沒有確認過度加熱的奶水溫度就餵給雛鳥喝導致灼傷、使用餵食針筒餵雛鳥喝奶、灌食時使用的塑膠軟管導致受傷等為主要原因。放風期間劇烈衝撞牆壁或窗戶導致受傷、被鳥禽或其他動物咬傷導致食道及嗉囊損傷，都有可能成為引發食道炎及嗉囊炎的原因。
- **感染性：**細菌性嗉囊炎極為罕見。食道及嗉囊不具消化功能，餵玄鳳鸚鵡吃水果、白飯、麵包等加熱調理過的碳水化合物或高糖度食物所需的消化時間較長，當這類食物長期滯留在嗉囊內進一步發酵，導致念珠菌（真菌）及細菌增殖也有可能引發嗉囊炎。
- **營養性：**缺乏維生素A而引發複層扁

平上皮化生的嗉囊黏膜容易被念珠菌感染，成為引發嗉囊炎及食道炎的原因。

症狀

出現食欲不振、嘔吐、吐食的症狀，演變成重度食道炎、嗉囊炎的話，會因為疼痛開始出現伸長脖子的姿勢。

頸部至嗉囊、食道有發紅、腫脹、肥厚的跡象，症狀一旦惡化，除了食道內發炎還會形成膿汁蓄積的狀態，引發消化物通過障礙、呼吸道閉鎖導致呼吸困難。灼傷及創傷（體表組織的損傷）一旦惡化，嗉囊可能呈現破洞狀態，導致飼料及飲水從嗉囊漏出來而弄髒羽毛。

治療

透過視診及觸診確認嗉囊的狀態。

進行顯微鏡檢查及培養檢測檢出病原體，針對致病原使用抗生藥物、抗真菌藥物等進行治療。

預防

不要餵食容易腐壞的飼料。及早移除廚餘。

避免餵食含有大量加熱過的澱粉及醣類的飼料，適時補充維生素A。

儘可能地移除涼冷、寒冷、環境變化等容易造成消化不良的壓力源。

為了避免雛鳥因為喝奶燙傷，需充分攪拌奶水，每次使用溫度計測量，確認溫度合適以後再進行餵食。

餵奶或灌食的時候，盡量使用湯匙安全地餵食。

補充維生素等營養方面的改善也很重要，不過攝取過多脂溶性維生素也會引發問題，所以要適量補充等等。

嗉囊結石、嗉囊異物

嗉囊內有結石形成、異物跑進去的疾病。

原因

嗉囊結石是像石頭那麼硬的異物，尺寸從小結石到數公分的大結石都有，主要由尿酸形成。

一般認為其核心是種子外殼、其他結石等異物，攝食排泄物（食糞癖）導致攝入體內的尿酸沉積，因而逐漸形成結石。

如果長期攝食絨毛材質、毛毯、毛線、棉、地毯、衣服纖維等異物，這些物質累積在嗉囊內也有可能固化形成結石。

症狀

噁心、吐食、食欲不振等。也有無症狀的案例。如果異物是由纖維物質構成，當食物殘渣等物在纖維當中腐壞，也會出現口臭、腹瀉、嘔吐的症狀。

治療

有時可以透過觸診嗉囊確認異物。透過X光檢查診斷。如果X光照不出纖維類物質，會進行消化道X光攝影檢查。

通常會切開嗉囊，進行外科手術摘除結石或異物。如果結石或異物偏小，有時也可以透過壓迫、牽引從口腔內取出。

預防

勤於打掃，不要放任排泄物遺留在鳥籠內。

在籠內設置隔屎網，防止鳥禽攝食排泄物。

不要把衣服、毛巾類放在鳥嘴能夠觸及的地方，以免誤食纖維物質等等。

嗉囊停滯

原因

食物或飲水長時間滯留在嗉囊的狀態就稱為嗉囊停滯。

一般認為原因有二：嗉囊的蠕動運動低下，或是嗉囊內的飼料阻塞所致。

治療

投用蠕動促進藥物、進行輸液，改善消化道運動以利食物排出。

也會投用抗生藥物及抗真菌藥物，抑制滯留飼料中的壞菌增殖。

如果要移除嗉囊內的腐壞物質，飼料卻黏在嗉囊內，就會灌一些溫水、按摩嗉囊以後，再用軟管取出嗉囊內容物。

完全阻塞時需要進行外科摘除手術。

預防

哺餵期間選用合適的飼料，詳細閱讀說明書之後，正確地調合熱水量及溫度等。

餵奶前先察看嗉囊的狀態，確認先前

需留意愛鳥攝食異物

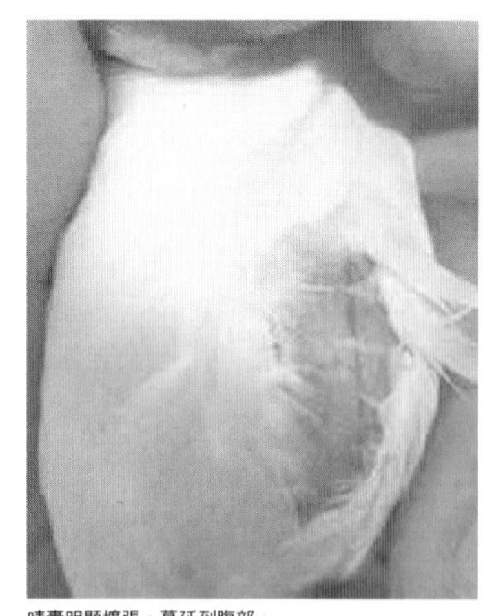

嗉囊明顯擴張，蔓延到腹部。

的飼料已經消化得差不多，再餵食適當的分量。

對雛鳥進行適當保溫以利消化食物等等。

砂粒阻塞

原因

肌胃（砂囊）充斥著砂粒，引發食物及飲水的消化不良及通過障礙。

吃太多鹽土、鈣粉、鳥砂等也會引發砂粒阻塞。

症狀

突然嘔吐與喪失食欲，伴隨著絕食糞便、蓬羽、嗜睡等等。

治療

砂粒阻塞可以純粹透過X光檢查臨時診斷。

有砂粒阻塞的狀況時停餵顆粒飼料，改餵滋養丸及燕麥。

如果是鈣粉導致阻塞，也有可能自然溶解，可一旦消化器官內很難暢通、磨耗或溶解，就得進行外科摘除手術。

預防

提供砂粒時注意不要給太多，提供鹽土時敲碎給少量即可。

腸道疾病
腸炎

原因

腸黏膜有發炎、出血等症狀。分成感染性與非感染性，但是多為細菌性腸炎。

幼鳥期的感染症（鸚鵡喙羽症、小鸚哥病、鸚鵡熱等）幾乎都是急性症狀引發腸炎。

寄生蟲性腸炎也很多，蛔蟲、球蟲、梨形鞭毛蟲等引起腸道問題。

真菌性腸炎多為念珠菌所致。

症狀

腹瀉是普遍症狀，像玄鳳鸚鵡這種原產自少水乾燥地帶的成鳥排泄物水分本就不多，很難看出有無腹瀉症狀，不過腹瀉時會出現尿酸和糞便融在一起、糞便不成形的特徵。重症時會形成黏血便。

腹瀉以外的症狀包括食欲不振、蓬羽、嘔吐、腹痛導致搔抓腹部等等。

治療

根據症狀及糞檢臨時診斷。

透過X光檢查確認腸道鼓脹、腸道內脹氣的影像。腹瀉嚴重時容易引發脫水症狀，所以會使用輸液、改善腹瀉症狀的藥物。

為了整頓腸道細菌平衡，有時也會使用益生菌藥物、抗生藥物、抗真菌藥物等等。

病因為消化不良時，使用消化藥物。餵食容易消化、對腸道刺激較小的處方食品或流質食物。

預防

配合鳥種及鳥隻狀態給予合適的營養以整頓腸道環境，在整潔的環境適當地飼養。

泄殖腔疾病
泄殖腔炎

原因

泄殖腔內發炎稱為泄殖腔炎。

鳥會從泄殖腔排尿排便，不過糞便停留在大腸的時間很短，貯存在泄殖腔的時間較長，所以泄殖腔容易發生細菌性炎症。

泄殖腔脫垂後、卵阻塞後等泄殖腔受到物理性損傷引起發炎，尿石或糞石導致泄殖腔損傷、病毒性乳突狀瘤病也會引起發炎。

症狀

輕症時觀察不到症狀。症狀一旦加劇會引起泄殖腔有髒汙及腫脹，重症時會由於泄殖腔疼痛進入休克狀態，出現蓬羽、嗜睡、食欲減退、血便的症狀。

若為細菌性泄殖腔炎會有異臭。泄殖腔炎也有可能引發泄殖腔脫垂。

治療

壓迫腹部、翻轉泄殖腔來診斷。若執行上有困難，會使用內視鏡觀察內部。

使用抗生藥物及抗真菌藥物進行治療，預防感染。

預防

若為自咬引發的泄殖腔炎，採取改善行為的療法(精神作用藥物、認知行為療法)或許比較有效。

肝臟疾病
脂肪肝（非感染性疾病）

脂肪肝是指脂質代謝障礙導致肝臟累積大量脂肪的狀態，即肝臟脂肪浸潤。

原因

累積在肝細胞中的三酸甘油脂（中性脂肪）超出釋放、分解上限時發病。原因包括過度攝取葵花籽等脂肪含量太高的飼料、運動量不足又吃太多等等。

胺基酸失衡的飲食、肝功能低下、肝損傷及糖尿病也會產生脂肪肝。

症狀

分成急性與慢性。

- **急性脂肪肝：**換羽、冷熱等飼養環境變化、生蛋等因素，食欲不振引發脂肪動員（空腹、運動時能量不足，貯存在脂肪細胞的脂肪經過水解作用，變成脂肪酸與甘油釋放到血液中的現象）導致脂肪肝惡化、引發肝功能障礙，食欲再度減退，陷入惡性循環。蓬羽、抑鬱、黃色尿酸、嘔吐等症狀隨之出現，狀態惡化時甚至可能突然死亡。寵物鳥喪失食欲突然死亡的其中一個原因就是急性脂肪肝。
- **慢性脂肪肝：**慢性脂肪肝導致肝功能障礙，造成活動量減少、食欲也有所減退。出現嘴喙過長、羽毛形成不全（羽毛變色、羽毛變形、羽毛成長不良等）的症狀。此外，當肝腫大與脂肪蓄積壓迫到氣囊空間，也會導致呼吸困難。

治療

透過X光檢查確認肝腫大，透過抽血檢查確認高脂血症。罹患慢性脂肪肝的鳥要改吃優質飼料，使用強肝藥物及高氨血症預防藥物的同時也要控制飲食。

預 防

餵食營養均衡的優質飼料、進行體重管理來防止肥胖。也要留意會讓愛鳥心生壓力的劇烈環境變化。

中毒性肝損傷

原 因

被胃腸道吸收的物質大部分是通過肝門靜脈（流經消化道的血液集中注入肝臟的部分血管）直接流入肝臟，所以肝臟很容易因為中毒性物質受到損傷。

- **肝毒性物質：**許多透過肝臟代謝的藥品／化學藥品（砷、磷、四氯化碳等）／植物（西洋油菜、新疆千里光、蓖麻、毒參、夾竹桃、酢漿草屬、微萍屬、豬屎豆屬、棉花籽等）／保健食品（維生素D3）／重金屬（鉛、銅、鐵等）／微生物（細菌及真菌等）

其中，肝毒性特別強的物質是真菌產生的黃麴毒素。

症 狀

產生急性或慢性肝疾病徵候。

治 療

重金屬以外要證實攝食何種中毒物實屬困難，所以會聽取飼主說明愛鳥吃了什麼東西，進行支持療法的同時也會對症治療(解毒強肝藥物等)。

攝食後馬上清洗嗉囊很有效。洗胃需要在麻醉狀態進行，所以風險很高。

如果毒素尚未被吸收，使用活性碳解毒有時候很有效。

預 防

不要在鳥會接觸的場所（籠內及放風的室內）放置對鳥有毒的物品。

不要餵食未通過黃麴毒素檢查的飼料、外國產堅果類等等。

務必留意花生（尤其是外國產）

黃羽症候群（肝臟疾病引發的疾病）

原因

羽毛黃化的疾病稱為黃羽症候群（Yellow Feather Symbolism）。

黃羽症候群好發於玄鳳鸚鵡的黃化種，全身羽毛會轉變成黃色。

症狀

全身的正羽都會變色，不過背部羽毛的變色最明顯。

肝衰竭有所改善的話，換完羽以後黃色羽毛會變稀疏。

多為輕症或無症狀，可一旦肝疾病及高脂血症加劇，就會出現羽毛變色、羽毛形成不全的症狀。

帶有蛋白石基因的玄鳳鸚鵡原本就有黃色羽毛，鑑別時需要留意。

有時候也會出現伴隨著慢性肝疾病徵候、甲狀腺功能低下症、糖尿病、高脂血症的併發症狀。

治療

通常會進行抽血檢查，想正確掌握肝臟狀態的話需要進行肝生檢（肝切片檢查）。

進行檢查可能會因為高氨血症引起痙攣，所以有時會視狀態省略檢查步驟，以免對身體造成負擔。

治療以改善肝功能及高脂血症為主。

有肥胖問題時，需要調整成方便控制飲食與適合運動的環境。

預防

調整成營養均衡的飲食。

避免肥胖、解決運動不足的問題等等。

肝功能低下導致羽毛變成黃色的玄鳳鸚鵡（黃化）

呼吸器官疾病

鼻炎

原因

流鼻水、打噴嚏為主要症狀的鼻腔內發炎稱為鼻炎。

- **感染性：**多為一般的細菌及真菌所致，不過有時感染黴漿菌、披衣菌也會發病。

  病毒及寄生蟲引發的鼻炎極為罕見。

  鼻竇宛如複雜洞窟的構造一旦發炎，很難把病原體及膿液排泄出去，甚至可能演變成慢性化膿性鼻竇炎。
- **非感染性：**可能對各種物質產生過敏反應引發鼻炎，也有對其他鳥禽的脂屑過敏而引發鼻炎的案例。

  鼻黏膜過敏的鳥可能由於寒冷、興奮、運動等體溫變動，刺激到鼻黏膜而出現鼻炎症狀。

  在極罕見的狀況下，吸入飼料及缺乏維生素A導致過度角化、腫瘤等也會成為病因。

症狀

鳥打噴嚏的動作看起來就像閉著嘴喙搖頭，有時還會噴出鼻水。

輕度鼻炎的症狀包括乾性噴嚏、鼻孔及蠟膜發紅，加劇時會出現伴隨著鼻水的噴嚏、鼻漏（流鼻涕）並導致鼻孔周遭的蠟膜及羽毛有髒汙。

病情嚴重或慢性化時，會出現膿性鼻水、鼻孔縮小或閉鎖、鼻垢（鼻屎）及鼻石導致鼻塞、鼻音，甚至於完全阻塞導致頰部及頸部的氣囊在呼吸時擴張，或是開口呼吸等症狀。

鸚鵡及鳳頭鸚鵡類的症狀好發於兩側鼻腔。

罹患鼻竇炎會出現擺頭、臉部往棲架摩擦這類動作。化膿造成口臭時也會觀察到。

膿瘍及肉芽突起變嚴重時，也會產生鼻竇一帶鼓脹、眼球突出、嘴喙形成不全、咬合不正等症狀。

治療

透過檢查檢出病原體，對其使用效果較高的藥物，同時使用抗生藥物來抑制二次感染。

使用抗生藥物未見改善時，可能是真菌感染。有鼻垢、鼻石時，需要進行外科手術摘除。

預防

留意維生素A不足的問題。通風不良、被糞尿污染的鳥籠及飼養用品會使環境氨濃度上升，減弱鼻黏膜的防禦功能，所以衛生管理至關重要。

咽炎、喉炎

原因

咽頭發炎稱為咽炎，喉頭發炎稱為喉炎。

咽炎及喉炎是鼻炎、鼻竇炎或口內炎的續發症狀。

原發性咽炎、喉炎當中又以玄鳳鸚鵡的螺旋菌症最有名。

症狀

咽炎除了擺頭動作、哈欠、嘔吐等，還會產生彷彿噎住的連續性乾咳、食欲不振的症狀。

治療

透過顯微鏡檢查觀察炎症細胞。進行口腔內消毒、以外科手術切除硬塊。使用抗生藥物驅除螺旋菌。

預防

預防方法參照鼻炎。螺旋菌症屬於機會性感染，關鍵在於平常做好健康管理，不要讓健康的鳥禽發生問題。

肺炎

原因

肺部發炎的疾病，可以概分為感染性與非感染性。

- **感染性：**細菌性肺炎的原因為黴漿菌或披衣菌引起肺炎，通常以麴黴引發的真菌性肺炎較為普遍。

  寄生蟲性、病毒性肺炎也極為罕見。
- **非感染性／中毒性：**聚四氟乙烯（PTFE）氣體引發嚴重發炎的案例屢見不鮮。除此之外，吸入各種刺激性、中毒性氣體也會引發肺炎。
- **過敏：**同居鳥禽（白色系鳳頭鸚鵡、玄鳳鸚鵡）的脂屑也有可能引發過敏反應，導致過敏性肺炎。
- **吸入性（誤嚥性）：**使用餵食針筒餵奶、使用軟管灌食的時候，誤把流質食物注入氣管裡，引發吸入性肺炎。

  痲醉過程中嘔吐、對身體衰弱而呼吸急促的鳥進行經口投藥，也很容易引發吸入性肺炎。
- **其他：**從卵巢、輸卵管落到體腔內的蛋物質經由氣囊流入肺可能引發肺炎。

  蛋白及脂質累積在肺部引發炎症的肺炎，在罕見的情況下也會發生。

症狀

若為輕症，會出現運動後及保定後開口呼吸、呼吸急促等呼吸困難症狀。

症狀一旦加劇，伴隨著觀星症、發紺、站立困難、意識低下等重度呼吸困難症狀，還會出現喘鳴、咳嗽、排痰的症狀。

演變成重症以後，即使讓鳥禽靜養仍會出現上述症狀，肺出血還有可能導致咳血。

治療

透過X光檢查進行診斷。如果判斷在呼吸困難的狀態下進行X光檢查風險太高，會根據症狀臨時診斷。

調查肺部以鎖定致病物質有其困難，所以會針對氣管及氣囊進行調查。

肺炎特別難治癒，所以早期發現、早期治療是最佳辦法。若為呼吸困難的鳥，會進行氧氣療法。

二次感染會導致病症惡化，所以投用抗生藥物、抗真菌藥物的部分以內服和霧化器（吸入）進行治療。有時也會使用類固醇。

若為吸入性肺炎，屬於異物的吸入物質會促進細菌及真菌繁殖，所以會一邊抑制細菌及真菌的增殖，一邊除去異物或等待異物無害化。

若為氟加工樹脂吸入中毒、心衰竭這類會引發肺水腫的疾病，會使用利尿藥物來除去積在肺部的液體。

有時也會使用支氣管擴張藥物來改善呼吸困難。

必須安全且正確地使用鐵氟龍加工烹飪器具

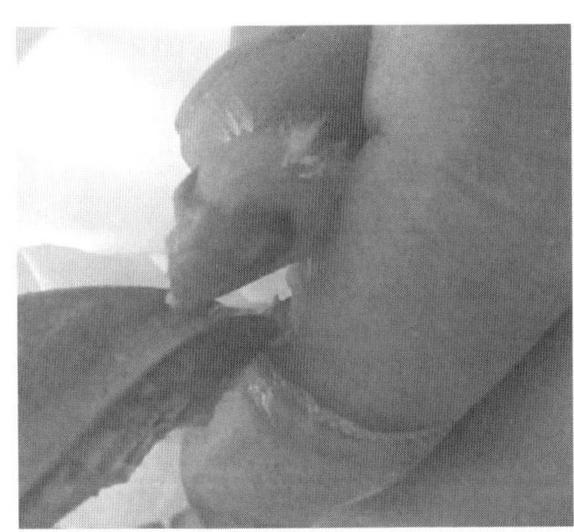

活用雛鳥的吸飲能力餵奶，以免誤嚥。

氣管阻塞

原因

除了食用種子、堅果類等物時誤嚥導致氣管阻塞的案例，感染症及炎症造成氣管內有肉芽組織形成，也是氣管阻塞的原因之一。

症狀

氣管阻塞為輕症時，會出現異常的呼吸聲等。演變成重症以後會出現呼吸困難的症狀，一旦完全阻塞可能突然死亡。

治療

透過X光檢查、硬式內視鏡檢查、電腦斷層掃描進行診斷。輕症患者以對症療法治療。氣管阻塞為重度時，必須透過內視鏡及外科手術除去異物。

預防

平常留意環境及飲食內容，避免受傷或染病。

哺餵、灌食、強行經口投藥很容易成為口腔內創傷及誤嚥的原因，務必慎重以對不能勉強為之。

放風期間移除危險物品，預防誤嚥異物等等。

開口呼吸

內分泌疾病
甲狀腺功能低下症

原因

負責分泌有促進代謝等作用之激素的甲狀腺功能低下，導致代謝障礙。

原因尚待查明，不過一般認為是碘不足的營養性原因所致，而非原發性的功能低下症。

症狀

換羽異常、羽毛顏色異常、羽毛形成異常、羽毛脫落、長絨羽大量增生等等。

玄鳳鸚鵡會出現絨羽過長的絨羽症，以及羽毛色彩異常的症狀。

引發脂質的代謝障礙，甚至會併發肥胖及高脂血症。

治療

根據羽毛異常等特徵性症狀進行臨時診斷，投藥有所改善的話即診斷為甲狀腺功能低下症。

預防

預防碘不足，餵食營養均衡的飼料。

神經疾病
腦挫傷、腦震盪

原因

腦挫傷為重擊頭部等要因所致，承受外傷時腦部在顱骨內部受到衝擊，導致腦部本身受損而發病。

腦震盪為輕度頭部外傷產生的暫時性意識障礙及記憶障礙。

原因是飛翔或陷入恐慌時的劇烈衝撞、毆打導致頭部受到劇烈衝擊等。頻發於容易陷入恐慌的玄鳳鸚鵡。

症狀

意識障礙及運動麻痺等等。腦挫傷伴隨著對腦部的器質性損傷。也伴有腦浮腫、腦血腫、顱骨內壓上升等問題，腦部產生重大障礙。

除了意識障礙及運動麻痺，有時還會併發斜頸、旋回運動、瞳孔不等大（神經麻痺導致瞳孔大小有落差）、瞳孔反射延遲、嘔吐、痙攣等症狀。

治療

若為腦震盪，15分鐘以內即可恢復，需靜養且不要觸碰。

如果超過15分鐘意識都沒有恢復，或者症狀並未消失，就要進行腦挫傷相關治療。

使用抗休克效果較高的類固醇藥物、用於降低顱骨內壓的利尿藥物等。

預防

放風房間的窗戶要拉上窗簾。

鋪上可以承接落鳥的軟墊。不要胡亂剪羽等等。

眼睛疾病／耳朵疾病

眼睛疾病
白內障

原因

高齡鳥出現白內障的主因通常是年紀增長。

外傷、細菌感染、內科性疾病有時也會續發白內障。

症狀

眼睛中心白濁、視力衰退、行為開始出現變化，逐漸喪失視力。

治療與預防

鳥類進行白內障手術的風險較高，所以不會施行。透過改善營養等方式來預防。

眼睛疾病
結膜炎

原因

結膜炎的主要病因是細菌感染、異物、外傷等。

感染性結膜炎除了一般細菌，黴漿菌、披衣菌等細菌感染也會成為病因。

鼻腔及鼻竇炎等上呼吸道疾病也有可能續發。外傷性多為與同居鳥禽打架所致。

症狀

出現結膜充血、發紅、淚液增加、眼屎、眨眼次數增加等症狀。

治療

使用抗生藥物及抗發炎藥物等的內服藥或眼藥水。

耳朵疾病
外耳炎

原因

細菌感染為主要原因，不過真菌也會罕見地引起外耳發炎。若為兩耳性外耳炎，可能是免疫異常等所致。

症狀

觀察到外耳孔周圍的羽毛像筆一樣因為滲出液而出現髒汙、固化分泌物。

治療

主要使用抗生藥物。

預防

在濕氣重、壞菌容易繁殖的梅雨季至夏季期間特別需要留意。時常檢視飼養環境的衛生狀態。

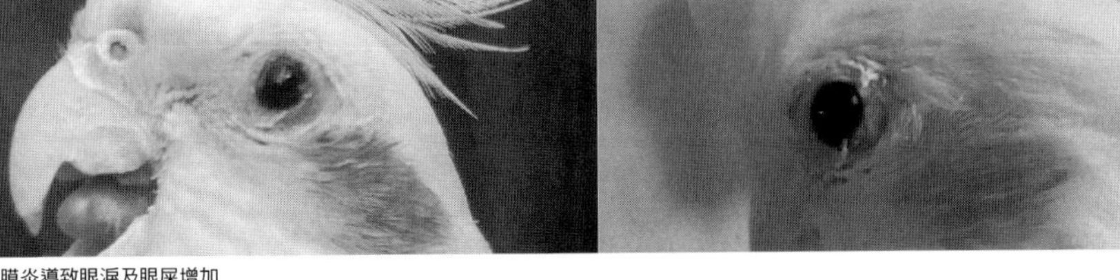

結膜炎導致眼淚及眼屎增加

皮膚腫瘤／趾瘤症

皮膚腫瘤

原因

非腫瘤性皮膚腫瘤包括：由於感染等引發蓄膿的膿瘍、炎症病變之一肉芽腫、炎症細胞積在皮膚組織內形成黃色瘤、新生羽毛無法順利長出而在皮膚內形成腫瘤狀的羽毛囊腫等等。

腫瘤性皮膚腫瘤包括：好發於尾脂腺的腺瘤及腺癌、皮膚及黏膜表面細胞增殖變厚可能是病毒性的乳突狀瘤、有時候看起來像潰瘍的扁平上皮癌、淋巴組織的腫瘤淋巴肉瘤、黑色素腫瘤黑色瘤、較為罕見的肥大細胞瘤等等。

皮下腫瘤脂肪瘤、脂肪肉瘤及胸腺瘤也很常見。

症狀

腫瘤的形態五花八門。也有像脂肪瘤、膿瘍、羽毛囊腫、黃色瘤等可以從外觀診斷的腫瘤。

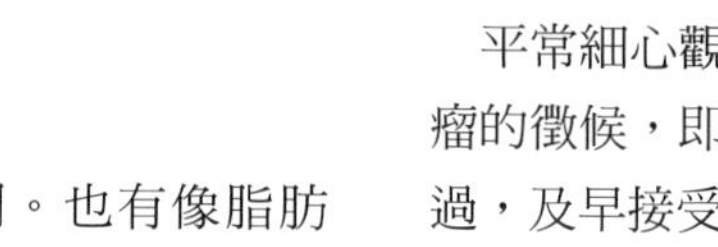

診斷

進行細針抽吸細胞學檢查（FNA，以細針穿刺腫瘤細胞採樣檢查），根據檢驗結果診斷。

無法進行細胞診斷的時候，必須以外科方式採集病變組織，利用顯微鏡等工具進行病理組織診斷。

雖然侵入性檢查也伴隨著對身體帶來負擔的風險，但是考量到是惡性腫瘤的可能性，還是及早進行檢查比較好。

治療

黃色瘤等通常透過高脂血症治療及控制飲食就會消失，不過自咬行為嚴重時也會考慮摘除患部。

早期摘除腫瘤性皮膚腫非常重要。摘除以後，可能會投用具有抗腫瘤效果的藥物來預防復發。

預防

平常細心觀察愛鳥的身體有無皮膚腫瘤的徵候，即便是微小的異狀也不要放過，及早接受診察為佳。

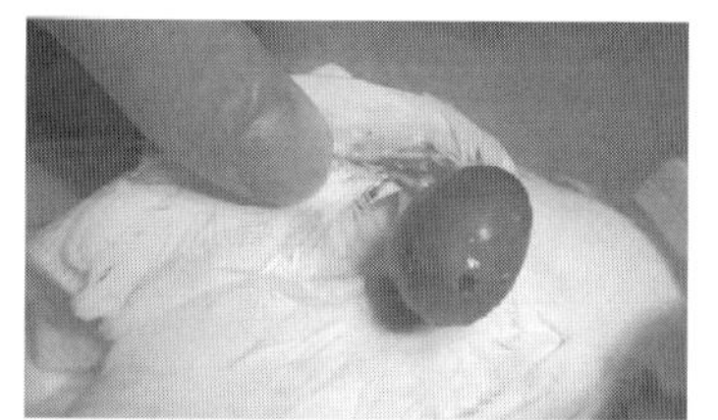

翅膀上的皮膚腫瘤

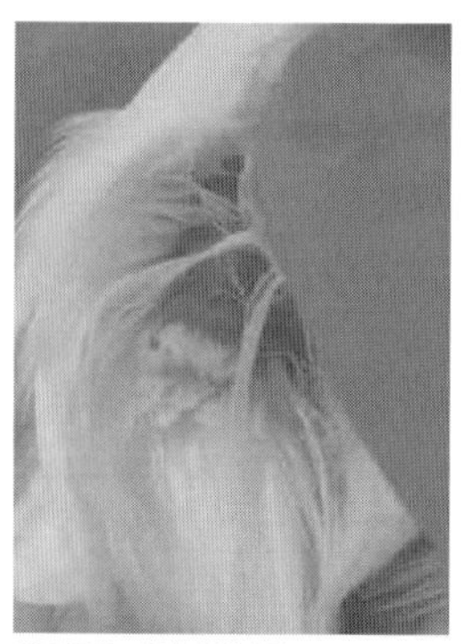

羽毛囊腫。慢性刺激所致。

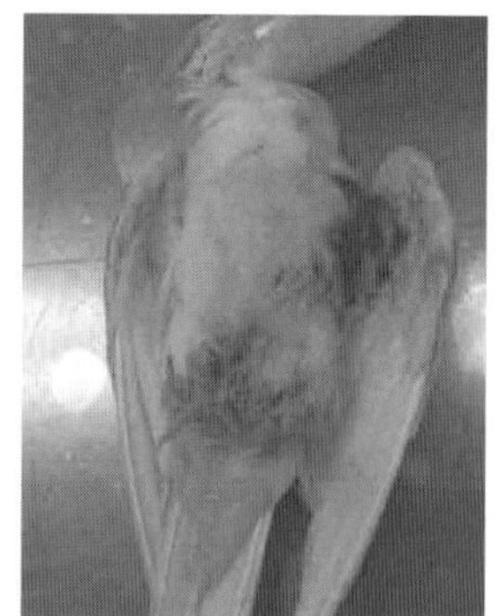

羽毛上的扁平上皮癌

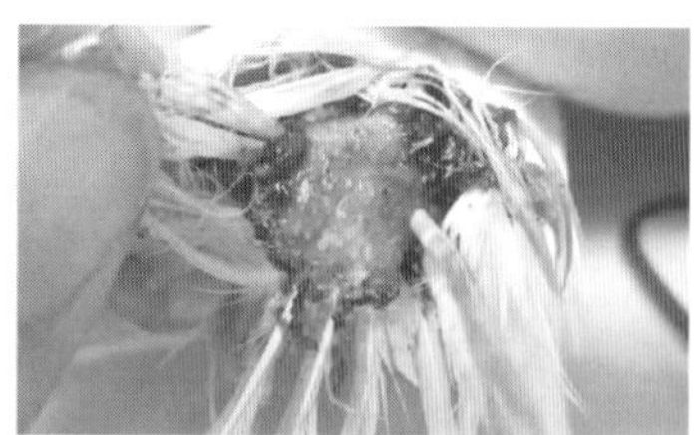

尾脂腺上的腫瘤

趾瘤症

原因

主要原因包括體重過重及高齡等導致握力低下造成足底部位負重增加、單腳障礙導致健全腳的負重增加、使用不合適的棲架等，足底部位因為發炎或肉芽腫而腫脹。

當受損的足底部位遭到細菌感染（葡萄球菌等），症狀會進一步惡化。

症狀

在初期階段，腳趾底部會出現指紋消失、發紅等症狀。隨著發紅部位擴大而形成潰瘍、皮膚肥厚。

出現出血及疼痛導致跛行、抬腳等症狀。一旦發生感染，炎症會變得很嚴重，肉芽增生形成趾瘤。

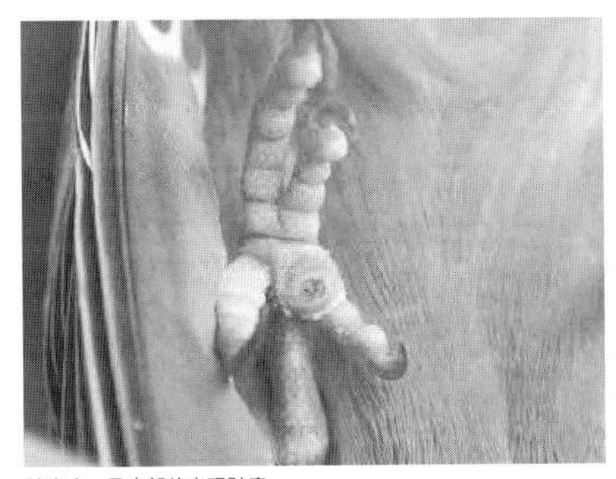

趾瘤症。足底部位出現趾瘤。

治療

移除棲架，減輕對足底的負重。

根據原因及症狀使用抗生藥物、消炎藥物、血液循環促進藥物等。罹患重症時必須使用彈性繃帶、進行外科手術摘除肉芽腫。

預防

預防肥胖以減輕足底負擔，不要使用塑膠製等過硬的棲架。常保棲架整潔。

▶關於趾瘤症

鳥的足底長出皮膚腫瘤（肉芽腫）且伴隨著疼痛症狀，稱為趾瘤症。原因包括肥胖及疾病導致體重增加、老化及創傷造成握力低下，使用太硬、太粗的不合腳棲架造成足底負擔等等。

初期腳底會微微發紅、腫脹，但是很難及早發現。隨著症狀加劇，開始出現因為疼痛而抬腳、靜止不動的姿態。

為了預防趾瘤症，需要控制點心分量、給予運動機會等來預防肥胖。體重一旦增加，對腳底的負擔也會變大。

再來，疾病也是引發趾瘤症的原因之一，適當的營養管理也很重要。

鳥籠附贈的塑膠製棲架太硬，請使用加工木或天然木製成的棲架。鳥抓握棲架時，前後腳趾間隔占棲架1/3左右的粗度最合適。防止腳爪過長的磨爪棲架也會刮削腳底，不適合作為日常用品。傷口可能會遭到細菌感染，所以要經常清潔棲架、飼料盆等腳底會接觸的部分。

心因性疾病

自咬症

原因

除了壓力等心因性原因之外，也會因為試圖去除疼痛、搔癢、麻痺、附著物、體腔內發炎的不適感而自咬該部位。

好發於對刺激敏感、比較神經質的鳥，自咬本身屬於自我刺激行為，有時即使移除刺激還是會持續自咬。

症狀

啃咬、傷害自己的身體稱為自咬症，除了嘴喙以外可能也會用腳爪自殘。

腋下、翅膀下、足部、腳趾等為好發部位，除了嘴喙無法觸及的頭部以外，全身各處都有可能出現傷口。

如果看到嘴喙沾血，可能是自咬症。

當自咬部位出血，傷口遭到細菌感染時很容易化膿。就鳥類來說，自咬是一種相當危險的問題行為，甚至可能導致損傷部位皮膚感染而引發敗血症致死。

治療

穿戴防咬頸圈來防止嘴喙傷害身體。如果愛鳥厭惡防咬頸圈到激動暴走、不願意吃飼料的話，會嘗試精神作用藥物。

如果對象是鳥類，一般不會使用包紮繃帶或彈性繃帶包覆傷口。

使用抗生藥物、消炎藥物、止癢藥物等治療傷口。

預防

疼痛等引發的自咬要早期發現、早期治療，並在後續預防自我刺激行為。

如果自咬已經變成日常的自我刺激行為，就要隨時穿戴防咬頸圈預防自咬。

心因性多飲症

原因

精神性疾病之一。

除此之外，有多飲多尿症狀的疾病還包括糖尿病、甲狀腺功能及腎上腺皮質功能異常、腎臟疾病等等。

症狀

有壓力、緊張、焦慮、糾結等心理問題時，試圖透過大量飲水來穩定精神狀態，而出現明顯大量喝水、大量排尿的行為。

寵物鳥一天的飲水量為該鳥體重的10～15%，只要沒有超過體重的20%都還在正常範圍內，可一旦飲水過量就會水中毒（低鈉血症），出現沒有精神、食欲不振、嘔吐等症狀，嚴重時還會引起痙攣、昏睡乃至於死亡。

治療

飲水量超過體重的20%時，可能罹患多飲多尿症。

進行抽血檢查作為疾病篩檢，確認全身狀態以後控制飲水。

過量飲水導致水中毒時，進行輸液來調整電解質。

恐慌

原因

一般認為引發恐慌的原因包括：在大型鳥群內生活、原產於障礙物較少的乾燥地帶、夜間視力較差等等。

好發於黃化種的原因或可歸咎於遺傳因素。

症狀

恐慌是出現在神經質鳥禽身上的行為，好發於玄鳳鸚鵡（尤其是黃化種）。

多發生在夜間、陰暗的環境。

突然激動暴走。通常是突如其來的聲響、燈光閃爍、閃現、地震等刺激所致。

單隻鳥暴走也有可能引起成群的鳥陷入恐慌。

治療

出現外傷時進行相應的治療。恐慌次數過於頻繁時，嘗試精神作用藥物。

預防

夜間點燈。夜間安置於塑膠製或玻璃製箱中，減少外傷機率。

不要把多餘的物品放入飼養籠內等等。

事故、外傷

外傷

原因

咬傷（同居鳥禽、貓狗、自咬等）所致占絕大多數。

在室外凍傷、電擊傷（電流流經體內導致損傷）、化學損傷（藥品導致組織損傷）等，在罕見的情況下也會發生。

症狀

皮膚損傷、出血、發炎等等。外傷部位可能產生功能障礙（步行障礙、飛行障礙、攝食障礙等等）。

治療

髒污嚴重時，使用水龍頭流水及低刺激性的消毒藥等清洗。

若在患部塗抹藥物，恐會因為舔舐引發副作用、患部不適而出現自咬行為。

與其他鳥禽打架導致左趾缺損

移除壞死組織及傷口異物，以專用藥物保持創傷濕潤，促進組織再生。

傷口遭到汙染、癒合需要較長時間時，投用抗生藥物。

疼痛導致食欲減退時，使用止痛藥物。裂得太大的傷口有時需要進行縫合。

預防

放風期間視線不要離開愛鳥。

放風期間把其他鳥禽的鳥籠置於地面，留心避免從內側咬腳的狀況。

針羽出血

原因

新生沒多久的正羽（針羽）用來輸送養分的血管很發達，一旦損傷針羽就會引發嚴重出血。

針羽損傷的原因通常是恐慌時劇烈衝撞、啄羽、撞擊事故等等。

症狀

有血液流經的針羽一旦受傷就會引發嚴重出血。

治療

為了與裂傷鑑別，尋找斷裂的針羽，出血不止或針羽損傷時，拔除出血的針羽。

預防

防止自咬。入夜以後，把容易陷入恐慌的鳥放進狹窄透明箱等等。

中暑

原因

夏季期間關在密閉房間、冬季期間過度保溫等導致中暑。

明顯高溫、急遽的溫度變化、水分不足時散熱受阻、疾病等導致調節體溫的生理機制失靈等等，引發中暑症狀。

有時候會對腦等維持生命的重要器官造成無法復原的損傷。

症狀

體溫過高導致開口、縮羽、喘氣，出現開翅、開腳、伸頸姿勢等高體溫徵候及脫水症狀。

如果體溫持續上升，脫水會引發虛脫，腦障礙會引發痙攣甚至於死亡。

即使成功讓體溫下降，高體溫障礙導致蓬羽、全身狀態未改善的話仍有可能致死。

治療

降低環境溫度，同時進行輸液等適當的治療。

預防

一旦出現開口、喘氣、縮羽、開翅、開腳、伸頸姿勢等高體溫徵候，就要立刻降低環境溫度至適溫。對鳥籠進行保溫、移動之際務必要在籠內設置溫度計，並勤於檢視溫度。

骨折

原因

骨折是指骨骼受到過大的外力衝擊，因而裂開、斷掉、粉碎的狀態。

主要是來自外部的高壓（劇烈衝撞、踩踏、夾擊意外等）所致，不過倘若骨骼本身因為佝僂病、過度生蛋、骨腫瘤等而比較脆弱，有時候受到小小的壓力就會骨折（病理性骨折）。

症狀

若為四肢，骨折端部會疲軟無力。骨折部位腫脹及內出血導致變成黑色，開放性骨折時會出血。脊椎骨骨折會出現截癱（兩下肢運動麻痺）的症狀。

治療

透過觸診及X光檢查診斷。沒有斷裂、呈現彎折狀態的骨折會以石膏固定，但是斷面錯位的骨折可能需要進行外科手術。

若對象為小型鳥，主要採用將鋼釘植入骨髓進行補強的鋼釘固定手術，若對象為大型鳥，有時需要進行將鋼釘垂直植入骨骼的骨外固定術。

預防

適時補充鈣質與維生素D3以維持骨骼強健。留意放風期間的意外等等。

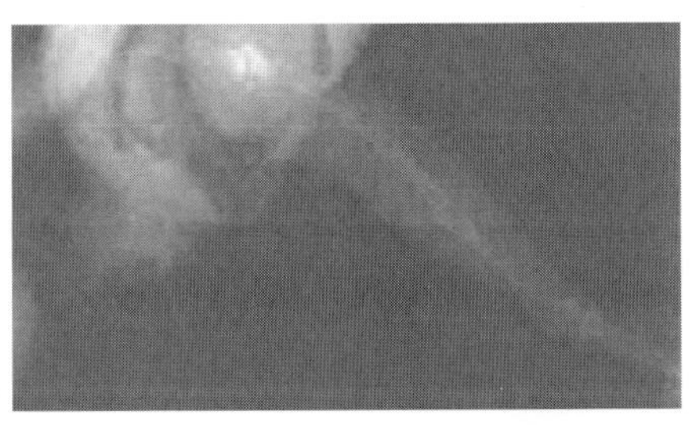

透過X光檢查
確認脛骨骨折

PERFECT PET OWNER'S GUIDES

Chapter 12

人為飼養下的
環境豐富化

環境豐富化的觀點

何謂環境豐富化

環境豐富化（environmental enrichment）是指「基於動物福祉的立場，為創造飼養動物幸福生活的具體方法」。

目標是給予動物的飼養環境刺激及變化，藉由引出動物天生的自然行為以減少異常行為，引導動物維持身心健全的狀態。

這套主張是以動物園及水族館的展示動物、家畜、實驗動物等為主要對象，不過也適用於人為飼養的玄鳳鸚鵡。

提升生活品質

時至今日，人們對玄鳳鸚鵡習性、食性、疾病的了解逐漸加深。飲食及醫療也有長足的進步，但是像啄羽症、自咬症、過度發情這類出現在玄鳳鸚鵡身上的異常行為，似乎不見減少的跡象。

不光是玄鳳鸚鵡，學者指出在飼養動物這些問題行為背後，顯示出飼養環境過於單調且缺乏變化的問題。

就以飼養籠為例。基於衛生及安全方面的考量，市售產品幾乎都是結構平穩、容易清潔、方便移動的單純形制。

整潔又安全固然很好，但是對生活在裡面的玄鳳鸚鵡來說或許是個很無聊的空間。

相較於野外的玄鳳鸚鵡花了很長時間，適應了遼闊的澳洲內陸地區自由嚴苛的生活，再看看人為飼養的玄鳳鸚鵡所處的生活環境，可以說是既單調又缺乏變化。

食物豐富化

寵物鳥用的飼料盆及水盆就和鳥籠一樣，設計皆以衛生、使用方便性、安全為首要考量。

玄鳳鸚鵡不會把食物貯存在體內，在飼養環境中絕食會危及性命，所以需要提供牠們飲食無缺的生活。

這導致人為飼養的玄鳳鸚鵡不僅身處在狹窄的籠內，也沒有必要到處尋找食物，喪失了在籠內自主行動的機會。

只要陪伴鳥想吃，隨時都有供其盡情享用的食物，而肥胖也逐漸成了應該重視的問題。

動物心理學家格蘭・詹森（Glen Jensen）根據動物實驗的結果，證實了「即便是相同的食物，相較於眼前不勞而獲的豐盛餐點，人為飼養的動物更喜歡靠一己之力費勁覓食」。

據說這項實驗結果不僅適用於高等哺乳類，套用在人為飼養的鸚鵡身上也得出了同樣的結果。

即便是相同的菜單，相較於眼前堆積如山的飼料，鸚鵡更傾向於找出藏在樹椿裡的飼料吃掉。

此外，根據詹森的說法，如果持續在固定時間餵食動物園的動物，會使其開始出現在同個場所不停來回走動、身體一直搖搖晃晃、發出詭異叫聲這類異常行為（刻板行為）。而據說人們嘗試把餵食動物的時間改為不定期以後，動物的這些刻板行為有逐漸減少的跡象。

一般認為，這種刻板行為是動物天生的行為沒有獲得滿足，因而轉化成其他行為的表現。

如果把這種觀點套用在人為飼養的玄鳳鸚鵡身上，不妨嘗試看看幾種做法，比如常用的飼料盆先擱在一邊，把飼料裝進尺寸、形狀相異的盒子或瓶子裡，故意設置得沒那麼容易取食，或是把平常餵食的點心故意藏在紙捲裡面、改變每天的放風時間等等。

空間豐富化

花心思打造飼養環境的架構及材質等，即為空間豐富化。舉例來說，提供被展示的穴兔可以躲藏的隱蔽箱子，有助於大幅減少牠們的異常行為，此即一個很好的例子。

如果將其運用在玄鳳鸚鵡的生活中，不妨嘗試以粗細不均的的天然樹枝取代形狀固定的成型產品作為棲架、每天替換放入籠內的玩具、偶爾準備洗澡容器等等。

環境豐富化

針對視覺、聽覺、嗅覺、味覺、觸覺這五感給予刺激，即為環境豐富化。

玄鳳鸚鵡可以識別所有色彩，所以換用不同顏色的飼養用品，也能產生色彩刺激的效果。此外，將野草作為點心，讓愛鳥享受異於平常的口感及香氣，也不失為一種很好的刺激。

至於時不時地在天氣晴朗的日子打開窗戶，讓鳥籠吹一些戶外的風、聽聽野鳥的叫聲，亦能作為舒適的聽覺刺激。如果難以實行，不妨試著播放有小鳥鳴叫聲的音源，有時候會讓愛鳥感到愉悅而一起唱歌呢。除此之外，偶爾把鳥籠移到能遠眺窗外景色等等的地方，也能變成一種視覺刺激。

不過對玄鳳鸚鵡來說，劇烈的臭味及恐懼這類刺激反而會變成壓力來源，所以請在合宜的範圍內進行。

社會性豐富化

社會性豐富化著眼於與其他動物的關係。

雖然也會根據物種有所不同，不過相關報告顯示出尤其是在狹窄場所飼養動物的時候，成對飼養會比單獨飼養表現出更多樣化的行為。

即使不是處在同一個鳥籠，光是感知到在鄰近鳥籠或其他房間內有別隻鸚鵡存在，確實就會讓玄鳳鸚鵡的行為更加活潑。

再來，對人為飼養的玄鳳鸚鵡來說，與飼主及其同居家人進行心靈交流至關重要。

某座動物園的研究結果顯示，相較於直接進入飼養房間與動物溝通，頻繁地隔著籠子或玻璃對動物說話、用部分身體進行些許的肢體接觸等交流，更容易讓飼主與動物建立良好的關係，為動物帶來心理上的幸福感。除了放風時間，也要重視隔著鳥籠互動的過程。

認知豐富化

給予動物知性上的刺激就稱為認知豐富化。

也就是把飼料放入構造複雜的飼料盆，設置不動腦破解就吃不到飼料的機關這類做法。

試著提供玄鳳鸚鵡除了靠嘴喙之外，也要運用頭腦、腳趾才能解開的益智遊戲及玩具也很不錯。

舉例來說，刻意在鳥籠外側不易觸及的地方吊掛玩具及青菜，或是在金屬網底下的墊紙上鋪些用點力氣才能拔出來的牧草。

進行豐富化時的注意事項

人為飼養的玄鳳鸚鵡往往過著單調的生活，給予牠們非日常的刺激，能促進其行為變得更活潑、提升學習能力、帶來心理層面的幸福，此即環境豐富化的目的。

為此，飼主必須多花心思努力提供新鮮有趣的玩樂，例如每天給予愛鳥不同的玩具及青菜。

此外，也要避免這些行為變成使玄鳳鸚鵡感到恐懼的壓力來源。

聽說美國有句諺語叫做「忙碌的鳥是幸福的（A busy bird is a happy bird.）」。

不要讓愛鳥閒到發慌，用適度的刺激與遊戲滿足牠們，盡力創造快樂又忙碌的美好生活吧。

煩惱Q&A

想讓愛鳥停止瘋狂咬人的行爲

我們家的鳥寶（黃化母鳥2歲）還是雛鳥的時候就很愛咬人。我覺得原因出在家父以前覺得被咬也不會痛，所以會故意伸出手指讓牠咬、戳牠的嘴喙。結果現在鳥寶看到家父以外的人也會毫不留情地想要張嘴啃咬，真不知道該怎麼辦才好。

消除愛鳥「必須咬人」的觀念

如果咬人行為已然成為日常習慣，可能是玄鳳鸚鵡學到錯誤的溝通方式。

玄鳳鸚鵡原本就是以生性膽小聞名的鳥類，可能是太過恐懼才會瘋狂地抵抗令尊的惡作劇，並在過程中學到了「攻擊就是最大的防禦」。或許牠誤以為（學錯了）「可以藉由咬人來表達自己的意見、讓對方服從」吧。

如果抱著「既然玄鳳鸚鵡想這樣做（咬人），那我就逆來順受吧」或是「雖然被咬的感覺老實說不太好，但是也沒有痛到難以忍受」這類想法，任由咬人行為發生的話，恐使玄鳳鸚鵡的咬人行為變成家人「默許的行為」而越演越烈。

玄鳳鸚鵡是小型鸚鵡當中壽命較長的物種。身為陪伴鳥的一生當中，偶爾會碰到飼主不在身邊的時候，也無法斷言將來不會面臨必須分離的狀況。萬一真的發生那種緊急狀況，被寵壞的咬人鸚

鵡會很難得到飼主以外的人疼愛。

如果玄鳳鸚鵡認為「咬人可以讓討厭的手縮回去」，利用手套等物教導牠們咬人也是徒勞不失為一種辦法，可是膽小的玄鳳鸚鵡看到前所未見的戴著手套的手，也有可能因為太恐懼而陷入恐慌，所以不是很推薦這種方式。

如果光是把手伸進鳥籠就會引來激烈的啃咬，不妨從根本重新審視彼此的互動方式，反思自己有沒有強迫玄鳳鸚鵡做牠討厭的事情。即便是一心想和愛鳥玩耍的戲弄舉止、過度關心的態度，也有可能變成對玄鳳鸚鵡來說堪比性命受到威脅的可怕行為。

至於如何應對，如果閱讀早期的鸚鵡飼養書，有些內容會提到被咬的時候可以進行捏住嘴喙上下搖晃、彈額頭、潑水等「處罰」。可是處罰以後，飼主與玄鳳鸚鵡之間的關係可能會產生無法修復的裂痕，所以這種方式並不恰當。

被愛鳥咬住的時候，不妨稍微晃動牠們停駐的手指或手腕，創造不穩定的立足點，或是用對牠們吹氣、輕輕推回去的動作來回應，有機會瞬間削弱愛鳥的氣勢而主動鬆開嘴喙。

剪指甲、餵藥等需要保定的時候，可能會出現排斥而激烈咬人的狀況。也為了避免關係惡化，委託獸醫師或寵物店幫忙剪指甲比較好，不過事先讓玄鳳鸚鵡咬住毛巾、棉花棒等無害的物品，或許後續的作業會變得比較順利。保定玄鳳鸚鵡時用只露出一點頸部的姿勢固定住，可以讓牠們沒辦法咬人。

用討厭的手指展示點心，搭配許多溫柔的話語和笑臉鼓勵愛鳥取食點心，多重複幾次也有助於緩和牠們對手指的恐懼。

如果這樣做還是想咬手指的話就沒收點心，也不要將其放出籠外，教導牠們「咬人的話會發生無趣的事情」。

此外，如果帶著害怕愛鳥的心情與之接觸，表現出戰戰兢兢、舉止可疑的動作，恐會助長玄鳳鸚鵡的咬人行為。適當的親密接觸需要一段時間才能習慣，所以不要太早放棄，不過要在鳥不會嫌棄的範圍內每天大方地練習接觸。只要玄鳳鸚鵡了解到「即使不咬人也不會發生討厭的事情」，咬人的必要性就會消失才對。

玄鳳鸚鵡是膽小又心思細膩的鸚鵡。咬人行為的案例幾乎都是從膽怯衍生出來的反擊行為。

不同於桃面愛情鳥等愛情鳥，玄鳳鸚鵡本來就不是會在生活中積極使用嘴喙的鳥類。關於咬人行為，細心調整飼養環境、與人的關係，移除引發咬人行為的源頭比較好。

不願意返回鳥籠

我的鳥寶（派特）是即將離巢前從店裡接回家，年齡將近半年的公鳥。每次放風以後，牠就很不樂意返回鳥籠。最後就變成像在玩鬼抓人那樣沉重的氛圍，我只能強行把牠關回鳥籠。我很擔心會不會因此被討厭。該怎麼做才能讓鳥乖乖回去鳥籠呢？

教導「返回鳥籠會有好事發生」

面對不想返回鳥籠的玄鳳鸚鵡，關鍵在於要怎麼做才能讓牠們有「想回去」的念頭。尤其當對象是亞成鳥的時候，會因為充滿好奇心而在房間內到處飛。要讓這樣的玄鳳鸚鵡乖乖回去鳥籠，「獎勵」非常有效。

試著在放風前稍微減少飼料的分量，使其在肚子餓的狀態下放風吧。到了需要返回鳥籠的時間，再溫柔地呼喚道：「點心時間到囉！」讓牠們瞧一眼鸚鵡美食，就可以順利地引誘愛鳥主動返回鳥籠（當然了，要等到進去鳥籠再提供美食作為獎勵。等到牠們確實記住了，餵食點心的次數減至數次當中有一次也未嘗不可）。

訣竅就是讓牠們了解「雖然外面很有趣，不過返回籠內也會有好事發生」。也就是順著「在籠外快樂遊玩以後，返回籠內還有點心可以吃」的概念，在愛鳥腦中建立一整套行程的關聯性。

如果對象是不適用這種方法的離巢亞成鳥、剛接回家的鳥，放風場所不妨選在空間較小、手搆得到的房間，避免落入多花力氣到處追趕的境地。畢竟對愛鳥來說，「飼主追趕→我要逃走」是一個有趣的鬼抓人遊戲。

再來，將其放回鳥籠的時候，不能使用捉起來塞回籠內的強硬手段。這會導致愛鳥「討厭被捉住而逃跑」，使捕捉變得更加困難。儘可能溫和地使其返回鳥籠比較好。

準備放回鳥籠的時候，悄悄地以單手掌心罩在停駐在手指的愛鳥頭上，藉此壓制拍打翅膀的動作，牠們會比較安分地停在手上。

自咬停不下來

展開獨居生活以後，我把期盼已久的玄鳳鸚鵡公鳥寶接回家，如今邁入第三個年頭。進行遠距工作的期間，我們一直處在一塊。後來新冠肺炎疫情趨緩，我回到公司上班以後，愛鳥開始在獨自看家時出現自咬腹部及翅膀的行為。因為在意傷口而啃咬，創傷總是難以癒合。我也試過遵照動物醫院的指示幫牠穿戴防咬頸圈，可是愛鳥會因此拒食，只能先暫時取下。和我待在一起的時候並不會出現自殘行為。話雖如此，我也不可能為了一直陪伴牠而辭掉工作，真是煩惱。

在相處時機、互動方式多下功夫

與人類生活的鳥當中，有一些鳥特別需要「關愛」，而且情緒強烈到會以自咬作為代償行為來紓解心中煩悶。

與飼主變得太親近的「過度保護」可以說是原因所在。

「把得到關愛視為理所當然」的狀態一旦持續太久，飼主不陪我玩、不放我出籠的不滿會轉化成強烈的負面感受。

不顧飼主繁忙而持續索求至今以來的緊密互動，心中期望卻無法得到滿足的話，自己是不是被心愛的飼主給捨棄了的「拋棄焦慮感」會增強、精神變得不穩定，進而發展成啄羽、自咬等問題行為。

我們人類遇到討厭、難過的事情時，可以透過一些方式讓自己的心情變好。舉例來說，心情不好時看一些喜歡的動畫、到街上散步試圖轉換心情等等。不過，生活在籠內的玄鳳鸚鵡找不到出口宣洩自己的焦慮及不滿。

如果對象是上手鳥，紓解壓力的唯一管道大多是放風時間、與飼主接觸互動吧。

作為陪伴鳥生活的玄鳳鸚鵡只能仰賴

飼主，沒辦法獨自求生。所以牠們對於飼主的動向無比敏感，日常生活一有變化就會感到焦慮，變得比以前還要黏人。也為了避免發展至此，首先要記住平常不要過度關心愛鳥。

不同於人類小孩，鳥聽不懂「今天是特例哦」這種叮嚀。覺得今天發生的事情應該明天、後天也會發生吧而滿心期待，這才是生活在籠內的鸚鵡會有的想法。

以防日常生活變得太無聊，「改變鳥籠的場所」、「定期變換鳥籠及籠內配置」、「使用外出籠出門散步，吹吹外面的風」、「和家人以外的人玩耍」、「改變放風的房間」等等，為日常生活增添情調也有助於轉換心情。

更何況玄鳳鸚鵡原本就是具有成群生活習性的鳥類，獨自看家的時間過長未免太不通情理。

所以這裡要推薦的方法是「再接一隻鳥回家」。如果對象是玄鳳鸚鵡的異性那再好不過，不過除了玄鳳鸚鵡之外，諸如虎皮鸚鵡、文鳥之類的任何鳥也都可以，只要再接一隻鳥回家，把鳥籠安置在看得見彼此的地方，即可減輕玄鳳鸚鵡閒到發慌的問題，飼主養鳥的樂趣也會增加，可謂一石二鳥。

如果已經嘗試過各種方法，自咬行為仍不見消停的話，請好好地重新調整飼養環境（聲音、光線、氣味、震動、溫度、濕度等）。

也有可能是癌症、皮膚病、感染症等內科疾病所致，不妨找時間與熟習鳥類的獸醫師討論。

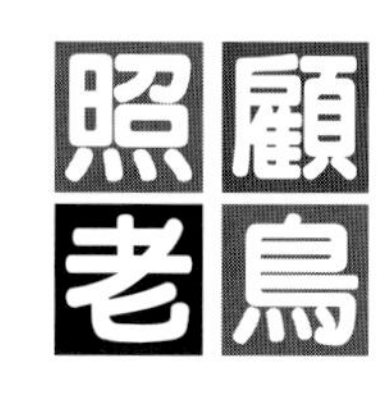

每天無微不至地照顧，我們幾乎不會注意到愛鳥隨著老化緩緩地出現變化。

無論是何種生物，都不會在某天突然變成高齡者，所以要細心觀察愛鳥平常的模樣，檢視現在生活有沒有發生問題。

●7歲以後邁入高齡

玄鳳鸚鵡長壽到可以活超過20年，步入中年期的分界通常以7歲為基準。

即便愛鳥以前能夠抵禦稍熱或稍冷的溫度，到了這個年紀以後可能會因為早晚溫度驟降等而突然生病。

邁入高齡期以後，需要比以前花更多心思留意空調管理。

●餵食平常的飼料

高齡的玄鳳鸚鵡通常會變得比年輕時期更保守。

貪圖自己方便突然改變愛鳥吃慣的飼料及青菜，有時候會讓牠們感到不知所措，出現胃口變小甚至於完全不吃的狀況。對體力衰退的玄鳳鸚鵡來說，稍微絕食可能就會導致身體健康出狀況。不妨多備一些飼料以免斷糧，也要把可能發生的緊急狀況納入考量，混合多家廠商的滋養丸進行餵食比較安心。

●為愛鳥設計的無障礙空間

玄鳳鸚鵡邁入高齡期以後，動作也會變得相當緩慢，身上開始出現各種衰老跡象。

不僅如此，還會漸漸地喪失免疫力、肌力以及判斷力。

有時候就連原本可以輕易做到的事情，也會突然變得很困難。

一旦演變至此，或許需要做一些貼心調整，像是把飼料盆、水盆換成較淺的款式，讓愛鳥不必過度彎身即可輕鬆取

食。

鳥上了年紀以後，對疾病的抵抗力及免疫力也會跟著衰退，所以要比以前更細心地洗淨飼養用品。

此外，玄鳳鸚鵡邁入高齡期以後，腳趾的握力也會退化，靠在鳥籠旁邊這類動作、有時從棲架上滑落的景象也會漸漸變多。

到了這個地步，不妨下點功夫，降低棲架位置以便愛鳥輕鬆休息、底部也要架設棲架等等。

再來，要儘可能地推遲這些準備派上用場的日子，平常多留意肥胖問題。

● **避免急遽的變化**

邁入高齡期以後，難免無法適應急遽的環境變化。

由於視力及判斷力退化的關係，應該位於某處的某物消失不見，可能會導致愛鳥陷入混亂。不要改變飼料盆及水盆的配置，生活上會比較安全。

站在愛鳥的角度檢視能否毫無障礙地生活，盡力改善飼養環境吧。

COLUMN 愛鳥離世與喪失寵物症候群

就和我們人類一樣，玄鳳鸚鵡總有一天會面臨死亡。我們把愛鳥當作自己小孩百般疼愛，當然很難接受生離死別，不過這也是降生於世的眾生無可規避的宿命。

●喪失寵物症候群的定義

儘管玄鳳鸚鵡活得比貓狗還要長壽的狀況不足為奇，但是相較於我們人類，其壽命顯得十分短暫。

此外，有時候玄鳳鸚鵡在壽命走到盡頭以前，可能就突然離世了。

也就是說，總有用盡一切方法仍無法避免的死亡或別離。

某種意義上來說，因為愛鳥離世而感到難受、哀傷是理所當然的事情。

不過，如果心中悲苦太過強烈，對飲食及睡眠等日常生活造成影響時，可能是罹患了喪失寵物症候群（pet loss），建議尋求心理諮商師及精神科醫生等專家協助。

●飼養上的後悔是「用情至深的證據」

對離世愛鳥的思慕太強、深受身為飼主的自責感所苦，很容易沉溺在喪失寵物症候群的傷痛之中。

「要是我當初怎樣怎樣，說不定還有救」、「都是因為我沒有怎樣怎樣，那隻鳥才會死掉」。

有這種念頭的飼主很容易把愛鳥死亡（別離）的責任全部攬在自己身上。

飼養、照顧玄鳳鸚鵡的過程中，多少會有心生迷惘的時候，但是這也是善盡飼主責任苦思以後，為心愛的玄鳳鸚鵡做出當下最佳選擇的一環。

這樣一想的話，愛鳥之死帶來的沉痛悲傷與懊悔，可以說是認真面對才會產生的感受吧。

此外，當愛鳥的存在本身變成心靈支柱，通常需要很長一段才能從巨大的喪失感中重新振作。

承認愛鳥離世，接受這個事實——或許這也是身為飼主需要克服的最後一道

關卡。

●愛鳥是「永遠的2歲小孩」

玄鳳鸚鵡變老以後，和年輕時期相比幾乎沒什麼變化，還是一副親切可人的模樣。

即使進入成鳥階段，玄鳳鸚鵡依舊是需要飼主照顧才能存活的生命。說牠們是可愛又擅長撒嬌的「永遠的2歲小孩」也不為過吧。經歷了雖為成鳥卻無法獨立的陪伴鳥死亡，肯定會對飼主帶來深沉的傷痛與悲戚。

●從喪失寵物症候群中康復

失去愛鳥而感到悲傷，並不是什麼特別或羞恥的事情。向值得信賴的親友吐露心中酸楚與悲苦，可以作為讓自己振作起來的契機。

在愛鳥人士雲集的網路論壇等處發文，暢談艱苦的經歷也是很好的抒發管道。如果還是難以振奮精神就不要故作堅強，主動尋求專家（諮商師）幫忙也是一種方法。

雖然訴說愛鳥之死令人痛苦，但是不要獨自承擔悲傷比較重要。

●用可以接受的形式供養

如果有庭園（私有土地），可以挖個50公分以上的土坑，將愛鳥埋葬該處。

直接把寵物遺體埋入河濱或公園等處有違法的疑慮，但是經過火葬的遺骨可以埋在這類場所。

委託寵物專用墓園、殯葬業者處理時，收費標準有所不同，不妨詳述期望的供養方式，徵求多家公司提供報價。諸如合葬、單葬、火葬見證、埋葬、撿骨等，有多種選擇。此外，有些自治團體也有提供處理寵物遺體的服務。

●感恩一起生活的時光

對於有緣來到自己身邊，共享無可取代美好時光的玄鳳鸚鵡，致上打從心底的感謝、將重要回憶長存於心，才是身為飼主力所能及的無上供養。

玄鳳鸚鵡血統紀錄書

個體名稱		備註	照片
腳環號碼			
孵化年月日			
性別			
品種			
培育者			

父			
母			

工作人員介紹 staff

■執筆／鈴木莉萌
（MARIMO SUZUKI）

山崎動物專門學校兼課講師
公認心理師
早稻田大學人類科學部畢業
著有《世界上最美的鳥圖鑑》、《大型鸚鵡完全飼養》、《中型鸚鵡完全飼養》、《玄鳳鸚鵡完全飼養》、《淺顯易懂的十姊妹養育法》（皆為誠文堂新光社出版）等多本著作。

■第9章 執筆及品種監修／島森尚子
（HISAKO SHIMAMORI）

山崎動物護理大學動物護理學部教授
早稻田大學研究所文學研究科英國文學專攻博士後期課程期滿退學
專攻英國文學、比較文化
著有《小鳥圖鑑－雀鳥與小型鸚鵡的種類、羽色、飼養法》、《金絲雀－最新品種、飼養法、繁殖、照顧解析（寵物指南系列）》、譯有《決定版 寵物鳥百科》（皆為誠文堂新光社出版）等。

■第11章 醫療監修／三輪恭嗣
（YASUTSUGU MIWA）

日本特寵動物醫療中心院長
日本獸醫特寵動物學會會長
宮崎大學獸醫系畢業後，於東京大學附屬動物醫療中心（VMC）研修。曾在美國威斯康辛大學與邁阿密的專門醫院學習特寵動物的獸醫療法。歸國後在VMC擔任特寵動物診療的負責人。2006年開設三輪特寵動物醫院（現為日本特寵動物醫療中心）。

■插圖／Izumi Ohira

生於淺草的插畫家。從小就過著有動物圍繞在側的生活。
現在的寵物是天竺鼠摩普與倉鼠可泰良。
負責過《小動物新手指南 天竺鼠》、《所以會上癮 鸚鵡生活》、《淺顯易懂的十姊妹養育法》（皆為誠文堂新光社出版）等書的插畫。

■照片／井川俊彥
（TOSHIHIKO IGAWA）

生於東京。東京攝影專門學校報導攝影科畢業後，成為自由攝影師。一級寵物飼養管理士。協助過《與家中鸚鵡變得更親密的書》、《小動物新手指南 鸚鵡》、《小動物新手指南 文鳥》、《貓頭鷹商品收集1000》（皆為誠文堂新光社出版）、《圖鑑NEO飼養與觀察（負責寵物、小動物）》（小學館）等多本著作。

■設計

Imperfect（竹口太朗、平田美咲）

■編輯協助

大野由理

■攝影協助

berukāje
Dokidoki Petto-kun
Okame no shoukoku
豊栄金属工業株式会社

■圖片協助（無順位、省略敬稱）

森近百合子
中渕浩文
Osap

參考文獻

- 『基礎遺伝学』黒田行昭（裳華房）
- 『実践的な鳥の臨床』NJK2002—2007　海老沢和荘（ピージェイシー）
- 『コンパニオンバードの病気百科』小嶋篤史（誠文堂新光社）
- 『Clinical Avian Medicine Volume Ⅰ—Ⅱ』Harrison-Lightfoot
- 『Clinical Avian Medicine and Surgery: Including Aviculture』 Gred J. Harrison/Linda R. Harrison（W B Saunders Co）
- 『Current Therapy in Avian Medicine and Surgery』Brian Speer
- 『エキゾチック臨床シリーズ Vol.1 飼い鳥の診療診療法の基礎と臨床手技』海老沢和荘（学窓社）
- 『エキゾチック臨床シリーズ Vol.4 飼い鳥の臨床検査』海老沢和荘（学窓社）
- 『エキゾチック臨床シリーズ Vol.7 飼い鳥の鑑別診断と治療』海老沢和荘（学窓社）
- 『ペット動物販売業者用説明マニュアル（鳥類）』環境省自然環境局総務課動物愛護管理室
- 『カラーアトラス　エキゾチックアニマル　鳥類編　種類・生態・飼育・疾病』霍野晋吉（緑書房）
- 『インコとオウムの行動学』入交眞巳　笹野聡美（文永堂出版）
- 『鳥類学』Frank B. Gill（山階鳥類研究所）
- 厚生労働省HP　https://www.mhlw.go.jp/index.html
- MUTAVI　https://www.mutavi.info/

TITLE

玄鳳鸚鵡完全飼養手冊

STAFF

出版　瑞昇文化事業股份有限公司
作者　鈴木莉萌
譯者　蔣詩綺

創辦人 / 董事長　駱東墻
CEO / 行銷　陳冠偉
總編輯　郭湘齡
責任編輯　張聿雯
文字編輯　徐承義
美術編輯　朱哲宏
國際版權　駱念德　張聿雯

排版　二次方數位設計 翁慧玲
製版　明宏彩色照相製版有限公司
印刷　龍岡數位文化股份有限公司

法律顧問　立勤國際法律事務所　黃沛聲律師
戶名　瑞昇文化事業股份有限公司
劃撥帳號　19598343
地址　新北市中和區景平路464巷2弄1-4號
電話　(02)2945-3191
傳真　(02)2945-3190
網址　www.rising-books.com.tw
Mail　deepblue@rising-books.com.tw

初版日期　2025年1月
定價　NT$ 480／ HK$150

國家圖書館出版品預行編目資料

玄鳳鸚鵡完全飼養手冊 / 鈴木莉萌作 ; 蔣詩綺譯. -- 初版. -- 新北市 : 瑞昇文化事業股份有限公司, 2025.01
256面 ; 14.8x21公分
ISBN 978-986-401-801-7(平裝)

1.CST: 鸚鵡 2.CST: 寵物飼養

437.794　113018836